JN101622

ナポレオンの柳

西洋人と柳、墓地、ピクチャレスク

黒沢眞里子

彩流社

目次

まえがき――本文に入る前に

「ナポレオンの柳」が本書のタイトルであるが、この組み合わせが〝ピンと来る〟という方はまれかもしれない。多くのナポレオンに関する書籍や研究はもちろん、晩年を過ごしたセント・ヘレナ島の捕囚と死を扱った書籍でさえ「柳」に注目したものはなく、西洋美術史の観点から「ナポレオン伝説の形成」を読み解いた本でも、暗黒のナポレオン伝説がナポレオンの死によってナポレオン崇拝に変化する興味深い分析がされているが、柳には触れられていないからだ。

本書は、これまで執筆した筆者の四つの論文を部分的に加筆・改稿し、まとめたものである。そこで、本文に入る前に、本書の構成を紹介しながら、全体をおおまかにたどっておきたい。

まず、本表紙の絵を見てみよう。瞑想するナポレオンであるが、場所はどこか。言わずとしれたセント・ヘレナ島、そして柳の木の下である。日本人にはなじみの深い柳は、中国大陸原産といわれるが、なぜセント・ヘレナ島に柳があるのか、どのようにして渡来したのだろうか。

第一章と第二章の第一部では、「ナポレオンの柳」にまつわる、欧米の柳の文化誌をたどる。ナポレオンの死を告げた当時の雑誌の記事には「柳とナポレオンの墓」の挿絵が添えられ、ナポレオンの死を人々の心の奥深くに刻印した。メランコリーな柳が枝を垂らす「ナポレオンの墓」のイメージが、国を超えて多くの人々の関心を呼び、絵に描かれ、語られ、歌に歌われ、さらに、柳の強い生命力によって「ナポレオンの柳」は実際に、世界に広がっていったのである。セント・ヘレナ島を訪れた人々によって、ナポレオンの柳の枝が挿し木として持ち帰られ、世界各地に「ナポレオンの柳」が移植された。柳は、人々があたかもナポレオンの「聖遺物」を得たかのように、物理的に持ち帰ることを可能にしたのである。

柳はアジアからヨーロッパ、そしてアメリカへと導入・伝播されるなかで、実際は、〈ロマンチック〉な景観に欠かせない樹木として「イギリス風景庭園」に多く植えられ、西欧人を魅了する樹木となる。さらに、柳をモチーフとした「ブルー・ウィロー」と呼ばれる陶磁器を誕生させ、二百年以上に渡って生産されるロングセラーとして西欧人の日常に深く入り込んでいった。柳ほど西洋人を熱狂させた樹木は他にはないだろう。そのようないわば「西洋人の柳狂い」のハイライトがナポレオンと柳の逸話なのである。

さて、少し戻って、ではなぜ、セント・ヘレナ島に柳が存在したのか。それは、イギリスの東インド会社が島に自国の樹木・植物を持ち込み、ナポレオンが捕囚される頃までにはイギリスの風景を作り上げていたからである。ビーグル号航海中にセント・ヘレナに立ち寄った生物学者チャールズ・ダーウィンは、島の植生調査を行いその記録を残しているが、ナポレオンの墓も訪れ、助手が描いた墓のスケッチも残っている（図28）。ダーウィンの調査によっても、セント・ヘレナには

図１　セントヘレナ島の位置

〈ピクチャレスク〉なイギリス風景が形成されていたことが分かり、それがナポレオンの柳の格好の舞台となっていた。ナポレオンの柳も、「イギリス風景庭園」と結びついた〈ロマンチック〉なイメージがなければ、そしてそのイメージを万人が共有する文化的背景がなければ、重要な意味を持たなかったろう。

こうしてナポレオンの柳は世界に移植されることになるが、なぜそれが可能だったのか。ナポレオンが死去した当時、セント・ヘレナ島が、スエズ運河開通（一八六九年）

までは海上の要衝であったことと大いに関係している。欧州から移住者や旅行者を乗せ、アジア、オーストラリア、ニュージーランドに向かう船は、その航路に格好の補給地として位置していたセント・ヘレナに立ち寄っていたからである。乗船者たちは、一時の島の滞在中に、すでに心に刻まれたイメージをたどるように、ナポレオンの墓を訪れ、あわよくば墓のそばの柳の枝を持ち帰ろうとした。実際、セント・ヘレナ島とナポレオンの柳のイメージは西欧文化に広く深く浸透したが、人の移動と定住に伴って広範囲に移植された「ナポレオンの柳」の意味は何だったのか。オーストラリア、ニュージーランド、アメリカのナポレオンの柳に関わる記事を読んで浮かび上がった物語は、移住者とともに新たな場所に移植され、前にも増して元気に育ち、新たに再生しながら過去との連続性を保つ、それが「ナポレオンの柳」の物語であった。

このようにして、ナポレオンが終の住処セント・ヘレナ島で「柳」と出会ったこと、それがナポレオンの叙事詩的生涯を締めくくる「幸運な出会い」となったと筆者は考えるのだが、ナポレオン伝説にこのような新たな光をあてる柳の存在を筆者が知るきっかけになったのは、アメリカの墓地研究者としてアメリカの古い墓地を訪れていたとき、多くの墓石に柳を見つけたことだった。柳は墓石に描かれていただけでなく、墓園にも多く植えられている。日本では大変馴染みのある柳だが、なぜアメリカの墓地でこのように多くを目にするのだろう――この疑問が筆者の「柳」の研究の出発点となった。

本書の第二部（第三章と第四章）では、柳が実際に植えられ〈ピクチャレスク〉な景観が評判となって全米に普及した田園墓地運動をとりあげる。

「田園墓地」は、アメリカで墓地がブームとなって人々の墓地への熱狂を引き起こした斬新な墓地であり、墓地には違いないが、実際は美しい記念碑や彫刻が置かれた「イギリス風景庭園」でもある。王侯貴族の庭園が存在しないアメリカが初めて本格的な「庭園」造りに取り組んだのが墓地であったのである。

なぜ、「墓地」と「庭園」が結びついたのか。その事情は園芸の文化史のなかでみていくとよく理解できる。そもそも田園墓地は当時興隆していた園芸協会が主体となって推し進めた共同事業で、第一号のボストンのマウント・オーバーン霊園は園芸の「実験庭園」でもあった。墓地改革者も含め、当時の社会の指導者たちはみな園芸に関心があり園芸協会の会員だったのである。一九世紀は、欧米で園芸協会が盛んに設立され欧米人の園芸への熱狂が並行して存在したのである。

それにしても、なぜ田園墓地がブームになるほど広く普及したのだろうか。その背景には、庶民が気軽に楽しめる文化施設であったことも大きな理由だ。墓地は観光名所であり、本格的な庭園、美しい記念碑や彫刻を楽しめる「彫刻の森美術館」、そして樹木に名札が付けられた「植物園」でもあった。今では、公園や庭園、美術館など都市文化には欠かせない施設であるが、そのような施設がまだ存在しなかった時代にその役割を兼ね備えたのが田園墓地だったのである。実際、マウント・オーバーンの彫刻の需要によってはじめて彫刻家が、ヨーロッパに拠点を置かなくても、アメリカで活躍できるようになるなど、アメリカの芸術発展にも貢献している。

第四章では、田園墓地が〈東部〉から〈西部〉へと普及する「西漸」運動を、「景観」から読み解いていく。林のなかのメランコリーな景観が特徴である〈東部〉の田園墓地は、〈西部〉へと普及する過程で、芝生が広がる明るい開放空間へと変化し、現代の都市公園のような景観となっていく。墓地は「庭園《ガーデン》」から「公園《パーク》」へと変化していくのである。〈東部〉の田園墓地も時代とともに暗いメランコリーな風景から、明るい開放空間へと変化していき、田園墓地こそ、現代の都市公園、郊外住宅地のデザインに大きな影響を与え、そして商業的傾向が強まる現代のメモリアル・パークへと時代の変化を反映した変貌を遂げていく。二〇世紀初頭に誕生するメモリアル・パークは、墓石がなく、芝生の広がる「公園」そのものとなる。都市に公園や美術館が登場し、自然な流れとして、人々の関心は新たな文化施設に移り、墓地への関心は薄れていく。そのひとつの成れの果ては、墓石、記念碑、霊廟の解体、海への廃棄であった。

では、本文に入ろう。

第一部　ナポレオンの柳

第一章　西洋人と柳の文化誌

「柳ブーム」の源を探る

本書の第一部では、欧米における柳の文化誌を解き明かす。柳のなかでも特に柳の代名詞ともなっているシダレヤナギ（Salix babylonica, 俗名 weeping willow）を対象とし、柳と表記されたものは、とくに断りのない限り、シダレヤナギを指すものとする。

さて、シダレヤナギは東アジア原産とされ、それがヨーロッパに伝わる。鑑賞樹として植えられるようになったが、そのしなだれた姿から、死を悲しむ喪のシンボルとして使われるようになる。

アメリカ北東部の古い墓地を訪ねると、柳の木が彫られたスレートや大理石の墓石を多く見かける（図4）。なぜこれほど多くの柳が描かれたのか、筆者は驚きとともに疑問をもったものである。

アメリカでは、一八世紀後半の独立戦争前後に、墓石に柳が登場し大流行となった経緯をここに見ることになった。喪のシンボルとしての柳は墓石だけでなく、追悼画にも見ることができる。当時は死亡率が高く、家族の死に度々見舞われた人々は、死者の思い出として美しい景色のなかの墓石を布地に刺繍などで描くことが流行った。これが追悼画と呼ばれるものであるが、ほとんどの場合、柳は欠かせないものとなっていた。

こうして柳は墓石や追悼画に始まり、葬儀の告知状から哀悼歌《エレジー》のブロードサイド（大判紙の片面印刷の新聞）を含め多くの機会に目にする追悼・葬送のシンボルとなっていく。

柳ブームのいわばハイライトといえるのは、セント・ヘレナ島に捕囚されたナポレオンと柳の木の逸話である。一九世紀半ばのアメリカ中西部で、リンチによって殺された男は、自分の墓について細かな指示をし、故郷ケンタッキーの「セント・ヘレナ」と名づけられた島に埋葬して欲しい、と書き残していた（図32）。言うまでもなく、「はじめに」で触れたように、セント・ヘレナ島はナポレオンの終焉の地であり、ナポレオンの墓には柳が植えられていた。この男、名もなき田舎の一中西部人に、これほどまで強力に、「ナポレオンの柳」がアピールしていたのはなぜか。

追悼・葬送とは別の方面から、柳はさらに人々の想像世界に深く浸透していく。ブルー・ウィローと呼ばれる陶磁器を通じてである。一八世紀後半にイギリスでシノワズリ（中国趣味）の流行から生まれたこの陶磁器には、柳が描かれている。そこに描かれた「ウィロー・パターンの風景」は人々の想像力を大いに刺激し、魅了し、どの家庭でも必ず目にするディナーウェアとなった。人々はこれらの食器を見ると子供時代を懐かしく思い出すのである。「ブルー・ウィロー」と陶磁器の一カテゴリーを表す一般名称にもなるほど人気を博し、現代でもロングセラーを続ける製品となったのは、柳に関する理由があるからだろうか、それはどのようなものなのだろう。

この「西洋人の柳狂い」とも呼びたくなるような、柳に対する熱狂は、西欧文化、とくに大衆文化研究として重要である。しかしながら、葬儀や陶磁器や園芸等のそれぞれの分野で柳が注目されても、分野を超えてこの現象＝西洋人の柳フィーバー＝をとらえる視点は、当時の文献のなかにも見られず、学術的研究もない。あるとすれば、イギリスの哀悼歌《エレジー》を研究した英文学者のジョン・W・ドレイパーは、哀悼歌の柳のシンボリズムは、シノワズリの陶磁器や庭園のブームと関わりがあるのではないかと指摘していたくらいで(1)、また陶磁器研究家のジョージ・L・ミラーは、ウィロー・パターンに関する本の書評で、ウィロー・パターンを理解するためには、社会史や装飾美術、神話や民間伝承等など広い分野から検討する必要があると示唆的な意見を述べている(2)。

柳がなぜこれほどまでに人々を魅了したのか、どのような方法で彼らの想像世界に深く浸透していったのか、それぞれの分野の垣根を超えて柳の熱狂現象を比較考察することが必要ではないだろうか、その一つの試みが本章である。まず、柳はどこから来たのか、そしてアメリカにどのようにたどり着いたのか、その道をたどってみよう。

「聖書の柳」はシダレヤナギではなかった？

シダレヤナギ、学名サリックス・バビロニカの「バビロニカ」は、聖書の柳からとられたものである。

バビロンの川のほとり、そこで、私たちはすわり、シオンを思い出して泣いた。その柳の木々に私たちは立琴を掛けた。［詩編一三七編］

バビロンに捕囚された古代イスラエルの民が、バビロン川の柳に立琴を立てかけ、故郷のシオンを思って涙したという話である。柳と言えば聖書のこの部分を連想させるものと考えられていたが、最近の研究によると、聖書の柳はバビロニアのユーフラテス川に自生するコトカケヤナギ、別名ユーフラテスポプラだとされている。[3] 若木のときには柳のような葉をしているので、柳と混同されやすい。この誤りは一九七八年の新国際版聖書では訂正され、the willows の代わりに the poplars が現在では用いられている。

シダレヤナギの学名サリックス・バビロニカは、スウェーデンの植物学者カール・フォン・リンネによって名づけられたものであるが、彼が初めてシダレヤナギを見たのはオランダのハルテカンプ邸（ジョージ・クリフォード三世の夏の別荘）の庭園だった。[4] リンネは、植物愛好家・収集家であるクリフォード三世の依頼で、一七三六年から三八年までここに滞在し、ハルテカンプ邸の植物に関する記録を三八年に出版した。その本の四五四頁に、バビロニアに生えている木としてサリックス・バビロニカが紹介されている。[5] リンネは一七五三年に著した『植物の種』で、二九種のウィローを記述しているが、その中でヨーロッパ起源ではないものは一つだけで、それがサリックス・バビロニカである。サリックス・バビロニカの模式標本として、植物標本集に異なるソースから集めたと思われる四つの標本が収められており、その一つの標本シートに「中国」というメモが残されている。[6] このことから、リンネが一品種の柳に基づいて命名したのか、柳の原産地がアジアであることを知らずにバビロニカと命名したのか、はっきりとは分からないとされている。[7] 現在では、シダレヤナギ、サリックス・バビロニカは中国中央部、北部にもともと自生していたものと認識されている。

柳はいつ、どこから欧米に渡ったか

ヨーロッパに初めて柳を持ち込んだのは、フランス人の植物学者ジョゼフ・ピトン・トゥルヌフォールと言われ、一七世紀後半に旅先から持ち帰ったとされている。[8]

一八世紀に活躍したイギリス人の植物学者ピーター・コリンソンによると、イギリスには一七三〇年になるまで柳は入ってこなかった。それ以前の一六七五年に、アジアを旅した神父で旅行作家のジョージ・ウェラー卿によって、柳の木が目撃された記録はある。

……その大きな枝は大変しなやかで、地面にまで垂れ下がっている……そして自然に、そのまわりに風情のある緑陰を形成している。(9)

コリンソンによると一七三〇年になって、柳はシリア北部の都市アレッポから、イギリスに持ち込まれたという。「トルコのアレッポ［アレッポは当時オスマン帝国の支配下にあった］のヴァーノン氏が、ユーフラテス川の柳をイギリスに持ち帰り、自邸のあるトウィッケナム・パークに移植した。この柳が育っているのを一七四八年に見ている。この柳こそわが国の庭園にあるすべての柳の親である」とコリンソンは書いている。(10) バーノン氏とは、ナイトの称号をもつサー・トーマス・バーノンの次男で同名の、トーマス・バーノンであるが、バーノンは一七二六年にすでに死亡しているので、これは事実でないかもしれない。

イギリス最初の柳としては、詩人のアレグザンダー・ポープがスペインから送られた柳のフルーツバスケットの枝を挿木にしたという逸話があるが、先のコリンソンは、これは一八〇一年八月付の新聞が唯一の情報源であるとも付け加え、単なる逸話であると示唆している。(11) 柳のバスケットから発根して柳になったという話は、アメリカにもあり、それについては後に述べる。

イギリス最初の柳は銅と鉛でできていた?

オックスフォード英語辞典(二〇一一年版)によると、weeping willow が初めて文献に現れるのは、一七三一年、スコットランドの園芸家フィリップ・ミラーの『園芸事典』とされる。コリンソンが注釈を書き加えた本であるが、彼のノートが正ければ柳がイギリスに持ち込まれたと同時に、weeping willow という言葉が使われ始めたことになる。しだれた様子を表す weeping は、それ以前にも elm(ニレの木、weeping elm)に使われていた[12]。

しかし最近の研究、たとえばキャンベル＝カルバーの『イギリスの植物の起源』では、一七三〇年以前にも、フランスに柳がもたらされた時期と同時期、イギリスでも柳はよく知られていたのではないかと指摘している[13]。その証拠として、第四代デヴォンシャー伯爵ウィリアム・キャベンディッシュの庭園につくられた柳の噴水をあげている。キャベンディッシュは一六九三年、チャッツワースに広大な庭園と噴水システムをつくる際に、フランス人技師のムシュー・グリエを雇った。グリエはフランスに新たに入ってきた柳を見たに違いなく、伯爵に柳の木の話をしたところ、伯爵は原寸大の柳のモデルをつくらせ庭に設置させた。銅と鉛でつくられた柳の幹と枝からは水が吹き出す仕組みになっていて、訪れたゲストや家人を驚かせたという。この柳の噴水は一八三〇年代にチャッツワースの主任庭師となっていたジョセフ・パクストンによって再び銅と真鍮を使い、八百カ所から木がまるで泣いているように水が噴き出すようにつくり直された。現在もチャッツワース

図２　チャッツワースの庭園に現在もある柳の木の噴水（Len Williams / The Willow Tree Fountain / CC BY-SA 2.0）

で見る事ができる（図２）。

さらに、旅行家シーリア・フィーネスもキャッツワースを訪ねた時の日誌に次のような柳の噴水の描写があるので、柳が実際どのようなものか知っていたのではないかとキャンベル＝カルバーは指摘する。

森の近くに立派な柳の木が立っていて、葉っぱも、幹もみな自然に見える。根本にはがれきやら大きな石で埋め尽くされ、突然弁が開かれると葉や枝から水かシャワーのように吹き出す。真鍮とパイプでつくられた葉はその外見はまったく柳そのものだ。(14)

日記の日付は一六九七年であるので、これも、柳が一七三〇年よりずっと以前にイギリスに入っていた証拠であるとしている。(15)

アメリカ最初の柳はバスケットから発芽した？

アメリカに柳がもたらされたのも一七三〇年以降であるとされている。[16] 筆者のニューヨーク植物園メルツ図書館での調査では、ニューヨークのフラッシングの苗木商ウィリアム・プリンスの一七九〇年のカタログに、weeping willow がすでに記録されていることを確認した。[17] アメリカ最初の柳に関しては、いくつもの逸話が伝えられている。その一つは、バージニアのクック将軍の話として伝えられるもので、フィラデルフィアの商人トマス・ウィリングが北大西洋のマデイラ諸島から送られてきたフルーツバスケットを受け取ったという。彼はバスケットを裏庭の穴に捨てたところ、その一部が発根してアメリカ初の柳になったというものだ。一七七五年にその柳は目撃されており、その大きさから、植えられて四、五年は経っているだろうと記している。[18] これが真実であれば、植民地時代にすでに柳がアメリカに導入され、プリンスのカタログに載る一七九〇年頃には、人気の商品になっていたことが考えられる。しかし、柳のバスケットが発根する逸話は英米に存在するが、そのような状態の柳が発根することは考えにくいだろう。より信頼できるものとして、園芸家としても知られる第三代アメリカ大統領トマス・ジェファソンが『ガーデンブック』の中で、一七九四年に植える予定のものとして柳をリストしている。[19] 実際、一七九四年三月には、一七、一八、一九日と二千四百本の挿木を、低地や泉の周り、道に沿って敷地内に植えたと記録されている。[20] 筆者の先に述べたメルツ図書館の調査では、苗木商プリンスの一八二〇年、二二年、三〇年のカタログにも weeping willow は引き続きリストされており、プリンスのカタログが示すように、一七九〇年代頃から一九世紀前半に柳が人気の商品となっていったことが分かる。

ポープの育てた柳がアメリカの柳の「親」になる

柳の歴史に関する興味深い記事が一八七一年の『月刊スクリブナーズ』誌に掲載されている。「シダレヤナギ」と題されたこの記事は、父が息子の疑問に答える形で、英米の柳の歴史が分かりやすく説明されている。この記事を書いたのは当時の人気歴史家ベンソン・ジョン・ロシングである。ハドソン川を見下ろす美しい山頂の高台にある著者の家に柳を植えたところから話は始まる。なぜこの木を「ウィーピング・ウィロー」と呼ぶのかと息子が問う。父は詩編一三七編を引き合いに出して説明する。さらに、柳が欧米に伝わった歴史として、イギリスの詩人ポープの名前をあげている。よく知られた柳のバスケットの逸話かと思うと、さすがに歴史家だけあってそうではなく、史実に照らした話が語られている。「南海泡沫事件」で資産を失い、アジアとの交易に転じたポープの友人が、小アジアの古い港町スマーナから特産の乾燥イチジクの箱をポープに送ったという。箱のなかを開けると、挿木にする枝も混じっていてポープはそれをトゥイッケナムの自宅の庭、水辺近くに植えた。そしてそれが生長していって柳だと分かり、ポープを喜ばせた。アジアの旅行記を読んで柳に心引かれていたからだ。この柳は、イギリスで唯一の柳となりポープは丹誠込めて育てた。それがイギリスの柳の親であるという。

ポープの死後も新しい所有者によって屋敷と庭木は維持され、一七七五年にその柳の挿木がアメリカにもたらされた。おそらくこの挿木こそ、アメリカに広まった柳の親であると述べられている。一方イギリスでは、世紀が代わって一九世紀となり、屋敷の新たな所有者となったイギリス婦人―しかも爵位のある貴族―はポープの柳を切り倒してしまった、と語る。文人が慈しんだ柳を少しも理解しない俗物イギリスから救われたかのように、ポープの柳の木は、ちょうど独立の気運に燃えていたアメリカに移植されたというわけだ。ちなみに、ロシングはアメリカ独立の歴史書の著者として有名である。「ポープの柳」のアメリカ移植の逸話は、愛国主義的なトーンをさらに強めて続く。

柳の逸話に絡むワシントンの継息子

アメリカに持ち込んだのは、アメリカに駐留した、イギリス軍の北アメリカ総司令官ヘンリー・クリントン将軍の若い補佐官だった。アメリカで農場をもつことを夢見ていた彼は、その農場に植えようと、渡米を前にトゥイッケナムを訪れ、ポープの柳から切り取り、挿木にするための枝を携えてアメリカに到着した。たまたま、休戦時にワシントンの使いとして両軍を行き来していたワシントンの継息子（妻マーサの前夫の息子）、ジョン・パーク・カスティスが、この若い補佐官と親しくなった。一七七六年早春、イギリス軍が敗れボストンから撤退する時に、夢破れたこの青年補佐官は、柳の挿木を友情の印としてカスティスに贈ったという。結婚間もないカスティスはバージニアのアビンドンに屋敷を手に入れていた。アメリカ軍がボストンを引き上げるとすぐに屋敷にもどり、家のそばに挿木を植えた。その柳はトゥイッケナムの親木と同じくらい大きく生長し、アメリカのすべての柳の親となったという。

この話は先のロシングが、ジョン・パーク・カスティスの息子で、ワシントンの養子となった故ジョージ・ワシントン・パーク・カスティスから、二〇年前の四月、黄昏時のアビンドンの柳の木の下、語り合っていたときに聞いた、と述べている。

これにはまだ話の続きがあり、独立戦争でアメリカ軍を指揮したホレイショ・ゲイツ将軍とこの柳の関係が語られている。ゲイツと言えば、イギリスの有名な政治家・文人のホレス・ウォルポールが名付け親であるとわざわざことわり、かつウォルポールといえばトゥイッケナム近くに有名な邸宅「ストロベリー・ヒル」を所有していることを、読者に思い起こさせている。

ゲイツ将軍は戦後、アビンドンから柳の木を苦労して移植し、ニューヨーク郊外（といっても当時はロアーマンハッタン）ローズ・ヒルの自宅へのアプローチに植えたという。それは、アビンドンの親の柳の根から生えた二本で、威風堂々とした立派な柳に生長した（図3）。ローズ・ヒルの屋敷は、一八四五年の火災で焼失するが、残された柳の木を著者ロシングは目撃したと書いている。まわりが田舎から都市に変貌してもポープの柳の孫柳は生きながらえたということだ。

図3　ゲイツ将軍のマンハッタンの私邸、ローズ・ヒルの柳（*Harper's New Monthly Magazine*, Vol. 24, 1862 より）

ロシングは、カスティス以前に、コロンビア大学初代学長のサミュエル・ジョンソン博士がポープのトゥイッケナムの柳の挿木をもって来たという別の情報もあるが、としつつ細かな事実をあげてこれを否定している。独立革命以前に、アメリカに生えていた柳について書かれているものに著者の知る限り出会ったことはないので、カスティスの話は真実と考えてよいだろうと述べている。イギリスとアメリカの柳はすべて、英語文化が生み出したたぐい稀な天才ポープを讃える「美しく、詩的な生きる記念碑」であると記事を結んでいる。(21)

墓石に刻まれた柳が登場する

柳がアメリカで植えられ始めた一八世紀末は、墓石に柳の図柄が流行した時期でもあった。ニューイングランド地方の一七、一八世紀の墓石は当時の死生観を伝える多くの図像や文様が彫られており、芸術的ですらある（図4）。

考古学者のエドウィン・デスレフセンとジェイムズ・ディーツは、ニューイングランド地方の古い墓地を調査して、そのモチーフが時系列的に変化することを突き止め、骸骨と天使に続いて、一七八〇年代以降になると柳と骨壺のモチーフが古いモチーフにとってかわることを明らかにした(22)

図４　墓石に掘られた柳（一番上の写真は、Roxie Zwicker により提供）

（図5・6）。

田園墓地研究者のブランチ・M・G・リンデンも、柳が描かれたもっとも古い墓石として一七六〇年代のものを見たことがあるが、広く見られるようになるのは一七八〇年代、九〇年代になってからと述べている[23]。

一七六〇年代の墓石の中には、後の時代に現れる新古典主義的なデザインもあり、墓石が死亡し

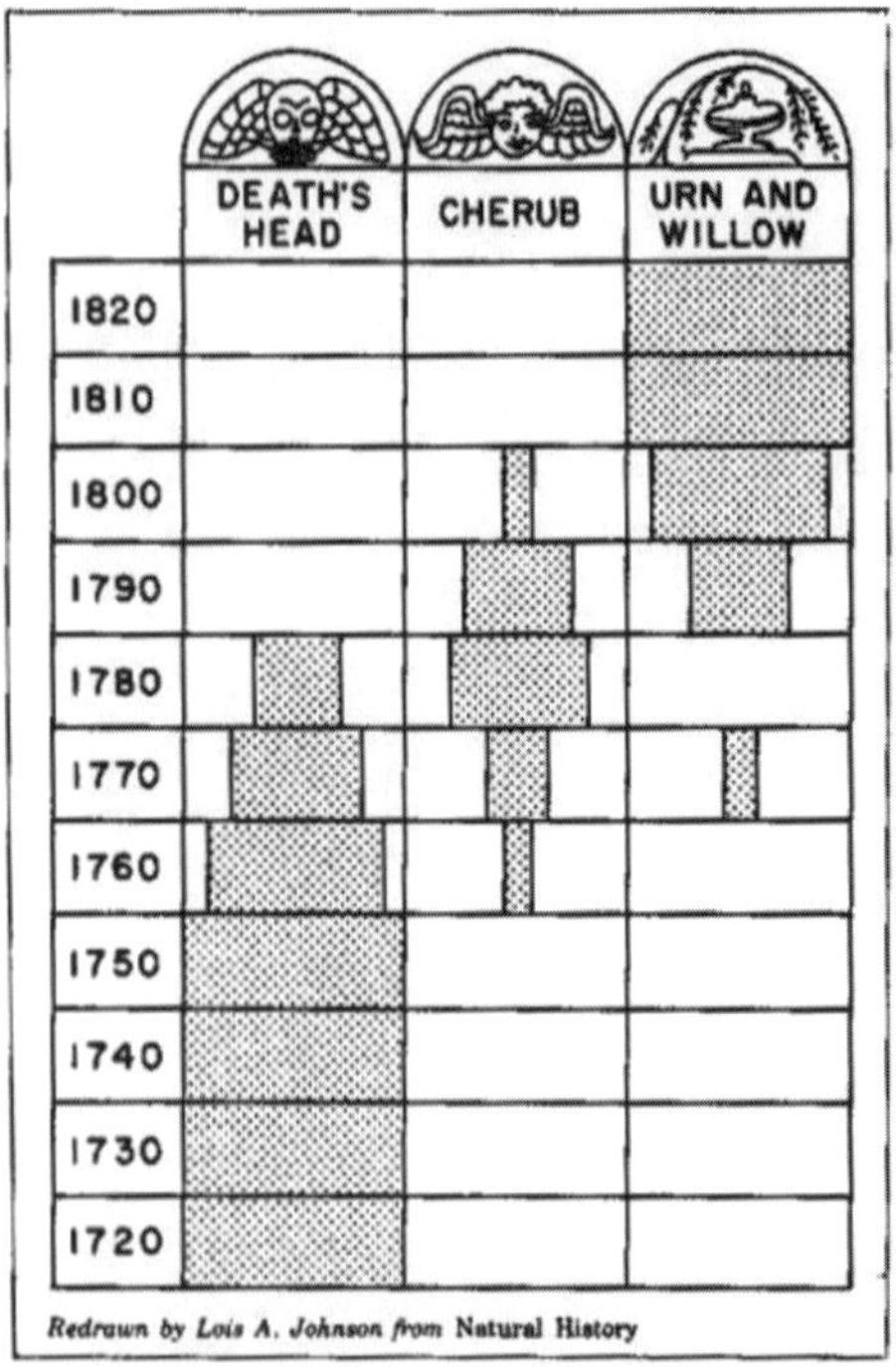

FIGURE 1. Stylistic Sequence from a Cemetery in Stoneham, Massachusetts.

図5　墓石のモチーフが骸骨から天使、そして柳と時代を追って変化する様子をグラフ化したもの。骸骨のモチーフは1760年代から減少し、それと並行して天使のモチーフが増えピークを迎えて減少し、それに柳のモチーフがとって代わったことが示されている（The Plymouth Colony Archive Project より）
[http://www.histarch.illinois.edu/plymouth/deathshead.html]

た年月日よりもずっと後に造られた可能性も示唆されているので、墓石の柳が実際に大々的に登場するのは、一七八〇年代以降とみてよいだろう。一八〇〇年から三〇年間に流行のピークに達している。柳の描かれ方も、初期の絵文字風の簡単な線画から南北戦争後にはよりリアルな立体的高肉彫りへと変化している[24]。

図6　骸骨から天使、柳と骨壺へと変化（写真 上　筆者撮影、中、下　The Plymouth Colony Archive Project より）

なぜ墓園に柳が植えられたのか

柳は実際に墓地にも植えられた。とくに、一八三〇年代アメリカ北東部に登場する田園墓地あるいは庭園墓地と呼ばれる自然の風景を生かした美しい墓園に、メランコリーな優美さを表現するのに最適な樹木として盛んに植えられた。柳は春になるとまっさきに芽吹くことから再生のシンボルでもあり、また地中の水をよく吸い上げるために墓地にふさわしい樹木であった。一九世紀イギリスの著名な造園家、ジョン・クローディアス・ラウドンは、一八四〇年、柳について、中国やトルコ、フランスやドイツでも柳は庭だけでなく墓地にも植えられていると述べている。イトスギよりも柳が好まれる理由を、フランスの植物学者の言葉を引用して以下のように説明している。

イトスギは長い間墓地に相応しい木と考えられてきた。しかし、墓にかかるその陰鬱な影と、濃い緑の重々しい姿は気をめいらせ、おぞましい死のイメージを起こさせるだけだ。それに対し、柳は墓地の陰気なイメージではなく、死者に対する深い悲しみの気持ちを伝える。その軽やかで優雅な枝は、乱れ髪の様に、骨壺の上の悲しみの像の優美なドレープのように、揺れ動く。そして、軽いメランコリーな気分になるものの、心が鎮められる柳は、詩人をしてこう言わしめた。「深い悲しみのなかにさえ喜びがある！」(25)

興味深い点は、このような、柳が演出する〈ロマンチック〉な墓園風景は、実際の庭園墓地がつくられる前に、追悼画のイメージとして人々の心に浸透していたことである。一九世紀の柳のイコノロジー研究では、現実と空想、実物とイメージの両方の側面から考えることが必要である。

柳が死・葬儀のシンボルとなったピューリタニズムとの関わり

イギリスの哀悼歌《エレジー》を研究したドレイパーによると、「柳」の絵は、哀悼歌を印刷したブロードサイドと呼ばれる大判紙の片面に刷った一枚刷り新聞（かわら版のようなもの）にはよく見られるが、一七世紀にはまったくみられない、また、一七世紀のイギリスの墓石でも柳の図像は見た事はないと述べている[26]。

イギリスの伝統的シンボリズムでは、柳はもともと死を連想させるものではなく、悲恋と結びついていた。悲恋の悲しみが友や庇護者を失う悲しみへと意味を広げるのは一七世紀半ばからで、それはドレイパーによると、恋愛に偏見をもち、宗教的な瞑想を好んでいた当時支配的だったピューリタンの考え方が関わっているのではないかと推測している[27]。

柳の木のシンボリズムが変化することにより、ローマ時代から葬送のシンボルであったイトスギや、イギリスの教会墓地に伝統的に植えられていたイチイとともに、柳が追悼・葬送のシンボルとして使われるようになった。この意味の拡大には、前述の聖書の記述―国を追われた古代イスラエルの民が故郷を偲んだユーフラテス川の「悲しみの柳」――も影響していることは疑いないとドレイパーは指摘する[28]。その証拠として「大英帝国の大いなる悲しみ――もっとも比類なきプロテスタンの王女、故メリー英国女王の葬儀」（一六九五年）と題された哀悼歌のブロードサイドのなかで、「麗しい乙女たち」に立琴を「悲しみの柳」に立てかけるよう促す場面が描かれているからである。これは聖書の記述に基づいていることは間違いなく、明らかにピューリタンの思想であるこの哀悼歌こそ、追悼・葬送への意味拡大にピューリタニズムが何らかの関わりをもっていたことを示しているとする[29]。

一八世紀になると、悲恋と結びついた柳の木のシンボリズムは消失し、追悼・葬送の連想をもつようになり、シンボリズムやアレゴリーが嫌われた古典主義時代を経て、ロマンチシズムの興隆によって柳のシンボリズムは広まった。苗木の柳が広く普及していったことが、陶器や庭園などで中国ブームが起こった時期と重なりながら、おそらくこのシンボリズムに新たな流行をもたらす助けとなったのだろう。確かな事は、一八世紀末になると、柳の木は追悼・葬送のシンボルとして詩や追悼画、墓石にまで広く使われるようになったことだ[30]。

追悼画の流行はワシントンの死がきっかけだった

追悼画とは、一八世紀末から一九世紀前半、とくにアメリカ北東部で流行した死者を追悼するための刺繍や、絵、それらを組み合わせた作品を指す[31]。墓や骨壺、柳の木やオークの木、涙を流す追悼者、田園風景などが特徴となっている。柳が描かれたもっとも初期の追悼画は、アビー・ビショップが一七九六年に制作したものとされている（図7）。麻地に多色の絹糸で刺繍がなされ、一七九六年三月二四日に亡くなった母親を偲んでつくられたものである。大きなアーチの両脇に柳の木が二本描かれ、全景には二つの台座の上の骨壺が描かれている。ロードアイランド州プロヴィデンスのメリー・ボールチの学校でおそらく制作されたものとされている[32]。

図7　最初期の追悼画　アビー・ビショップが制作した（1796年）（画像 Martha V. Pike and Janice Gray Armstrong, *A Time To Mourn: Expressions of Grief in Nineteenth Century America* (N.Y.: The Museum at Stony Brook, 1980 より）

　すでに柳の木をモチーフに入れた追悼画があったが、アメリカで追悼画が広く流行したのは、一七九九年のアメリカ初代大統領ジョージ・ワシントンの死がきっかけであった。ワシントンの死を悼んで国中が喪に服し、ワシントンの死を称揚する哀悼歌や絵、陶磁器（イギリス製）が大量に生産された。

　ワシントンの追悼画でもっとも普及した絵は、サミュエル・フォルウェルがデザインしたものである。フォルウェルは、故人の遺髪を使ったデザインをするジュエリー作家で、妻の経営する刺繍学校のデザイン画も手がけていた。後に彼自身のアート・スクールも開校している。フォルウェルのデザインをもとに制作された刺繍の追悼画（図8）は、ワシントンの墓のそばで二人の女性が国父の死を嘆いている。墓の上には骨壺がおかれ、墓には「偉大なるワシントンを偲んで」と書かれ、左には二本の柳の木が交差して描かれている。右には池と二本のポプラがあり、上には「栄誉」を表すトランペットと月桂樹をもった天使が描かれ、庭は復活と永遠の希望を表す。もう一つのワシントンの死を嘆く追悼画（図9）もフォルウェルのデザインで、自由を象徴するフリジア帽をもつ擬人化されたアメリカがワシントンの墓にうなだれ、ワシントンの死を嘆いている。右側には、墓を覆う柳の木が描かれ、左側には独立戦争で負傷した兵士がワシントンの死を悲しんでいる。

初代大統領の死がきっかけとなり、ワシントンの追悼画が流行するが、身近な家族の死を悼むよりプライベートな追悼画も数多く制作されるようになった。それらの絵には必ずと言ってよいほど、柳の木が描かれている。時として賑やかな港町が遠景に描かれる時もあるが、ほとんどは牧歌的な風景のなかに、墓と柳と追悼者たちが描かれる。図10は、刺繍の実習用のサンプラーと呼ばれるシンプルな追悼画の例で、シルク地に柳と墓石が手描きと刺繍で描かれている。図11は、シルクサテン地に刺繍された瀟洒な追悼画であるが、墓、骨壺、嘆く人、柳、田園風景と基本的要素を見ることができる。墓の墓碑には、「ハンナ・パーカー夫人、一八一三年四月十四日死去。享年五〇歳、サラ・バラード夫人、一八一三年七月十三日死去。享年二七歳を偲んで」と書かれている。母親と娘が三カ月を置いて亡くなり、二十一歳の妹メリー・パーカーが制作した追悼画である。

刺繍の追悼画の流行は一八三〇年代まで続き、四〇年代になると姿を消し始める。印刷の追悼画

図8　サミュエル・フォルウェルのデザインによるワシントンを追悼する刺繍シルク地に刺繍（Gift of Eleanor and Mabel Van Alstyne, National Museum of American History）

図9　同じくフォルウェルデザインのワシントン追悼画 シルク地に刺繍と彩色 1800 年頃の制作（Museum of Mourning Art, Drexel Hill, Pennsylvania）

が大量に現れ始めたこともその衰退の原因である（図12〜15）。

これまで柳の木の欧米への伝播の資料や、墓石彫刻、追悼画、哀悼歌について検討してきたが、これらの資料から明らかになったことをまとめてみると、次のように整理できる。

図10　追悼をモチーフとしたサンプラー　クリーム色のシルクサテン地に手描きと刺繍で柳と骨壺、墓が描かれている　ロードアイランド州プロヴィデンスのバルチ・スクールの作品とされる　1800年頃の制作　（画像 Artokoloro / Alamy Stock Photo）

図11　シルクサテン地に刺繍と手描きによるメリー・パーカーの瀟洒な追悼画（Gift of Dr. and Mrs. Arthur M. Greenwood, National Museum of American History）

柳の木は一七三〇年以降イギリスに持ち込まれたが（weeping willow が始めて文献に登場するのは一七三一年、リンネがサリックス・バビロニカと命名するのは一七三八年）、追悼・葬送のシンボルとしての柳の流行は一七八〇、九〇年代になってからであった。その頃、柳はアメリカにもたらされた。柳の流行のピークは、一九世紀最初の三〇年間であり、そのピーク時にはロマンチックな景観が特徴の田園墓地がアメリカに誕生した、ということである。

図12　印刷された追悼画　悲しみに暮れる女性が墓石に寄りかかり後ろに大きな柳が描かれている　墓石には、「キャプテン・ジョン・ウィリアムズを偲んで、1825年4月1日死去　享年36歳」と手書きで書き込まれている 1840-42年制作のリトグラフ（Library of Congress）

図 13　大きな柳が重々しく墓石にかかっている　墓石は故人の名前を入れられるように空白となっている　1846 年製作のリトグラフ（Library of Congress）

図 14　夜の墓地でベールをかぶった女性が墓石の前にひざまずき祈りを捧げている　1846 年頃制作されたリトグラフ（Library of Congress）

図 15　南北戦争中の戦死した兵士の追悼画　黒の喪服の女性の背後に大勢の兵士が描かれている　クーリエ＆アイビス社のリトグラフ　1863 年頃制作（Library of Congress）

陶磁器に現れた柳の意味するもの

柳のイコノグラフィを考える上で重要なもうひとつの柳の熱狂現象を見てみたい。ブルー・ウィローまたはウィロー・パターンと呼ばれる柳模様の陶磁器の製造と普及である（図16）。英文学者のドレイパーが指摘するようにシノワズリの流行から生まれたブルー・ウィロー陶磁器の人気が、柳の木のシ

図16 スタンダードなウィロー・パターンの大皿 ストーンウェアにブルーの転写プリント 19世紀半ば（The Illustrated Encyclopedia of British Willow Ware を参考）

ンボリズムに何らかの影響を与えたことは確かだろう。しかし、ブルー・ウィロー物語に、死との連想はあるものの（物語の最後に主人公の男女二人が死んで二羽の鳥になる）、柳が新たに獲得した追悼・葬送のシンボリズムと関わるというよりも、一八世紀に消失した――とドレイパーが指摘する――悲恋と結びついた古い柳のシンボリズムがブルー・ウィローの中で生き長らえたのだ、と筆者は考えるのである。ブルー・ウィローの物語は、この古い悲恋の連想が下敷きとしてあったからこそ、英米の人々にアピールしたのではないだろうか。ブルー・ウィロー陶磁器の歴史的背景とそれが伝える物語、追悼画等との図像も比較しながら、この点を明らかにしていきたい。

「ウィロー・パターン」の柳はどこから来たのか

ヨーロッパで東洋、とくに中国ブームが生じたのは、一八世紀中葉で、初めは貴族たちの中国趣味であったものが徐々に一般庶民にまで浸透した。ブームの終盤、一七八〇年から九〇年頃にそのブームに乗って、その後チャイナ（陶磁器）のデザインとしてもっとも知られるようになる中国趣味に彩られた「ウィロー・パターン」がイギリスで生まれた。中央に描かれた柳の木からこのように呼ばれたが、その起源はいまだにはっきりしないところがある。カーフレイ窯（イギリス、シュロップシャー州）のトーマス・ターナーか、カーフレイ窯で銅板転写の原版彫刻師として働いていたトーマス・ミントンが最初に考案したとするのが通説である。ウィロー・パターンが他のシノワズリのパターンと異なる点は、スタンダードなウィロー・パターンと同じオリジナルの中国陶器がないことだ。[33] スタッフォードシャーのスポード窯の創設者ジョサイア・スポードが導入したマンダリンと呼ばれるパターンも（ウィロー・ナンキンとも呼ばれる）、ウィロー・パターンの要素を多く共有している。スポード窯を研究したロバート・コープランドは、スポードが馴染みの中国のパターンに、それにマッチする絵柄を加えたり、取り替えたりしてウィロー・パターンができたのだろうと述べている。[34] コープランドは、一九六九年にスポード窯で発掘された中国陶器のなかにウィロー・パターンのアイディアとなったと考えられる絵柄が見つかったことなどから、スポードをウィロー・パターンの考案者としている。

ウィロー・パターンの成功によって、他の製造業者がこのパターンを模倣するようになり、業者はウィロー・パターンを中国に持って行き、欧米輸出向けに同じような絵柄で陶器を制作させた。[35] つまり、図柄は逆輸入されたのである。ウィロー・パターンは、当初中国でよく知られた物語が下敷きとなっていると考えられていたが、そうではない。図柄もそれに付随する物語も西洋人の想像力から生み出されたものだと現在では考えられている。物語から絵が生まれたのではなく、絵柄から逆に物語が生み出されたということだ。どういうことか、詳しく見ていこう。

柳模様に描かれた悲運の男女の物語

ウィロー・パターンは、イギリスで最初に登場してから二百年以上も生産され続け、今日でも市場に出回っているロングセラーであるが、その人気は、陶器に画かれた絵が伝える物語に負う所が大きい[36]。ウィロー・パターンに描かれた物語に関するもっとも初期の記事は、一八四九年にイギリスの『ファミリー・フレンド』誌に掲載されたものである。まず、この記事でどのように紹介されているか詳しく見てみたい。

「どの家庭にもあるウィロー・パターンの物語」と題されたJ・B・Lの署名入りの記事は、次のように紹介している。

「チャイナ」といえば、アジアの南北に広がる広大な帝国よりも、まずはマントルピースの上に飾られた陶磁器、食器棚の陶器類を人々はすぐに思い浮かべる。優れた文明は東から生まれ、西洋に伝播してそこで頂点に達した。現在では西洋の技術の方が古い中国の陶磁器よりも格段に優れているのに、いまだに中国のパターン、様式が好まれている。その好例が、ブルーのウィロー・パターンであり、「他のパターンすべてを合わせても及ばない」程の人気なのだ(37)。

その名の由来は、皿の中央に柳の木が描かれているからで、それは葉を出す前に花を咲かせている春の柳の姿である。子供の頃から馴染みのある絵柄であるが、橋の上の不思議な三人は誰だろう、どこから来たのか、櫂も持たない船頭は、舟の上で何をしているのか、島の家には誰がいるのか、なぜ二羽の鳩がキスをしているのか、などと子供心に次々と好奇心をそそられたものだ、とJ・B・Lは書いている。この陶磁器に描かれた物語は、中国人にとっては、イギリス人のジャックと豆の木やロビンソン・クルーソーと同じように誰でも知っている話なのだろう、と述べているから、J・B・Lは中国の物語だと信じていたようである。しかし、これは真実ではないことはすでに述べた。

少々長くなるが、ブルー・ウィローの図柄と物語についての記述を、詳細に追ってみていくことにしよう。

まず、絵の右側には、立派な邸宅が描かれている。富を誇示するように中国では非常に稀な二階建ての建物だ。建物の周りには珍しい樹木が植えられている。

この屋敷の主は、皇帝の税務関係の部署に勤務して財をなし、大きな権力と影響力をもつ中国人である。実際の仕事は秘書のチャンに任せていたが、商人たちから手渡される違法な賄賂は見て見ぬ振りをさせ、それに応じた報酬を与えていた。ところが、この税務官の不正を声高々に叫ぶ商人たちが現れ、妻の急死を機に主人は早々とこの職から退いてしまう。

屋敷は、一人娘クーン・シーと、財産管理の為に秘書チャンを連れて余生を送るために移り住んだ場所である。不正を追及されるような場合には、この秘書の力が必要だったからである。この青年が娘に恋をしてしまう。日が沈むと、クーン・シーは、密かに小径に抜けて屋敷を抜け出し、愛を誓い合った。二人の逢い引きも、やがて父親の知る所となり、娘が屋敷の外に出るのを禁じた。

Koong-Shee, fell in love with her father's secretary, Chang, who was a poor man. But the father of Koong-Shee wanted her to marry a rich man, and because she would not give up Chang
away. They had to cross the bridge to get out of the garden, and as they were half-way across Koong-Shee's father saw them, and hurried after them. Koong-Shee went first with her
Two pigeons flying high,
Chinese vessel sailing by,
Weeping willow hanging o'er,
Bridge with three men, if not four.
Chinese temple, here it stands,
Seems to cover all the land,
Apple tree with apples on,
A pretty fence to end my song.

図 17　記事に掲載されたウィロー・パターンの図柄

さらに、木の柵を小径に沿って水際まで張り巡らした（図17参照）。監禁された娘が戸外で体を動かすことができるように、大広間に隣接した離れを造った。水にせり出した離れには、テラスが設けられ、娘が歩けるようにした。そこには出口がなく、外にでるには大広間を通らなくてはならず、そこには父親が常にいた。さらには、娘を裕福な友人で身分の高い、タ・ジンに嫁がせることにした。男は、娘に相応しい金持ちであったが歳をとっており、若い娘との結婚を望んでいた。結婚は娘の同意なしに決められた。婚礼は「桃の咲く春、縁起のよい月齢に」執り行われることになった。まだ、柳は花をつけたものの、桃はつぼみすらつけていない。娘はこの運命を恐れ、牢獄の窓越しに桃のつぼみを眺めた。しかし、よい兆候があった。鳥がやってくるようになり窓の上に巣をつくったのだ。

長い間バルコニーに座り、鳥の巣づくりを眺めていると、かつて逢い引きをした夕刻となった。そのまま留まって水を眺めていると、半分に割られた椰子の実が舟のようにこちらに漂ってきた。傘でたぐり寄せると、そこには竹紙に中国の詩が書いてあった。それは、他の鳥の巣に自分の卵を産みつけるカッコーになぞらえた、権力者が巣を壊し、つつましい身分の男と愛を誓った女性を奪う悲恋の話であった。

娘が見つけた詩は、サー・ウィリアム・ジョーンズによって『アジアとの交易』（一八三〇年）のなかで翻訳されたものと注で述べられている[38]。ジョーンズとはインド研究者として名高いサー・ウィリアム・ジョーンズで、イギリス人をアジア文学に夢中にさせた功労者である。中国古代の詩がこのような形で紹介されている。

さて、娘が幽閉されている建物に鳥が巣をつくる話となり、恋人も鳥を見たに違いないと娘に思わせる。クーン・シーは東洋の詩のメタファーに気づく。「あなたに近づく舟に私の思いを乗せるが、柳の花が幹から垂れ、桃のつぼみがほころび始める頃、あなたの誠実なチャンは、スイレンの花とともに、水中深くに沈むだろう」。スイレンの花は、咲き終わると水の中に沈むとされている。チャンが自殺をするのではと娘は恐れた。中国では自殺は犯罪というよりも、徳と考えられていると注がつけられている。娘の返答は、「賢い農夫であれば、盗まれそうな果実を収穫しないはずがありません。日は長くなり、葡萄畑はよそ者の手によって荒らされようとしています。柳の枝が幹から垂れ下がる頃には、あなたにこそ相応しい収穫を横取りされるでしょう」。

その後、何の連絡もなく月日は過ぎ、柳の花も咲き終わり枯れてきた。ある日父親が宝石箱をもって娘の部屋にやってきた。珍しい宝石は老齢の金持ちの婚約者からの贈り物だった。結婚の準備にこの屋敷にやってくるという。娘はすっかり希望をなくして泣くばかりだった。危険が巣に近づいていても、それを逃れるすべはなかった。婚約者がやって来たその夜、慣習に倣って父親と客人は酩酊するまで酒を飲み交わし、眠りこけている間に、召使いに変装したチャンがクーン・シーのもとにきて、二人は屋敷から逃げる。そのとき、婚約者からもらった宝石箱を持ち去り、柳のそばの橋までやってきた。そのとき、父親が娘に気づき、大声をあげて二人を追う。それが皿に描かれた橋の上の三人だ。先頭はクーン・シー、生娘の印の糸巻きをもち、その後に宝石箱をもった恋人、最後は怒ってムチをもった父親である。二人は父親の追跡をかわして逃げきる。何日も捜索するも二人は見つからず、父親はすっかり絶望して諦めた。金持ちの官吏タ・ジンは執念深く何マイルも離れた村々を捜索し、チャンを見つけたら、宝石を奪った罪で死罪にしてやると誓う。二人は、父親の屋敷からそれほど遠くないところに、ひっそりと身を潜め、そこで密やかに結婚をする。それもつかの間、追っ手が迫った。二人は舟で川を下り、たどり着いた島を住処とすることにした。チャンは畑を耕した。彼らの勤労ぶりは描かれた島の絵からもうかがえる。畑には畝ができていて最近耕したことが分かる。島の木々は小さく、まだ若木であることが分かり、島から出る残土はすべて島の埋め立てに使われ新しい土地が広がっていく様が見てとれた。

チャンは、農業で成功した後、農業に関する本を著して有名人となり、それによってタ・ジンに居場所を知られてしまうことになる。タ・ジンは、島に攻め込み、クーン・シーを捕え、チャンは殺せ、と命令を下した。奇襲された島民たちは、無防備であり、チャンは抵抗するも倒れた。それを見たクーン・シーは、絶望して自宅に火を放ち、自らそのなかで焼け死んだ。

神々は、タ・ジンの残酷な仕打ちの報いとして不快な病気にかからせ、友もなく哀れむ者もなく、死んでいく運命を与えた。死んだ二人を哀れみ、鳩に変えて永遠の命を与えたところで物語は終わる。

ウィロー・パターンの物語を研究したベン・ハリス・マックラリーによると、これ以外にも広く知られた物語が複数存在していたようだが、この『ファミリー・フレンド』版が、繰り返し掲載されることにより、スタンダードなブルー・ウィロー物語となっていった[39]。

ウィロー・パターンにはお決まりの図柄がある

一八世紀後半から一九世紀前半にかけて、「ウィロー」と言えば、柳の有無に関わらず中国の風景が描かれた陶磁器すべてを指す用語であったが[40]、本章でとりあげる柳の木が描かれたスタンダー

図 18　墓石に彫られた柳。柳の枝が数本房になって重々しく下に垂れ下がっている（写真 Johan Mathiesen 撮影）

ドなウィロー・パターンには共通した要素がある。橋とそれを渡る三人の人物、柳の木、船、立派な屋敷（コープランドは「ティールーム」、『ファミリー・フレンド』版では「バンケットルーム」と呼ばれている）、二羽の鳥、前景の庭のフェンスなどである。[41]

柳の図像に注目してみると、ほとんどが似通っていてパターン化されている。幹が平均三つくらいに分かれその先から三本のしだれた枝（柳の花か葉）が垂れ下がっている。枝の先はみな外側に跳ねている。多くの場合柳は橋のある左方向に傾き、二股に分かれた幹が途中で交差している。陶磁器ではほぼワンパターンである。

このような特徴ある柳の図像は、墓石にも、追悼画にも見いだせない。墓石に見られる柳は多様な形態をしているが、枝が房状になっているものはあっても、枝の先は跳ねているものはない（図18）。ブルー・ウィローの柳の特徴は、どうも枝の先が外側に向かって跳ねている形態にあるようだ。幹が交差し、木自体も傾いているので、躍動感があり、軽やかな雰囲気を生み出している。それに比べて墓石や追悼画の柳の枝は重々しくまっすぐに下に垂れている。食卓では誰にも馴染みのある柳であるが、その柳が墓石や追悼画にそのまま用いられることはなかったと考えてよいだろう。ブルー・ウィローの柳は、墓や追悼画の柳とは心の中で住み分けされていたのではないか。むしろ、先に述べたように、悲恋とのつながりや、東洋の異国を想起させるエキゾチズムとより強く結びついていたのだろう。

ウィロー・パターンと追悼画の柳の比較

ウィロー・パターンの柳と追悼画の柳の共通点をあえて捜してみるといくつかの興味深い点を指摘できる。両者ともに、柳の木が描かれていることは言うまでもないが、先に述べたように柳の描き方が大きく異なり、ウィロー・パターンの方が枝の数が少なく枝先（あるいは花の房）が曲がり軽やかな姿である。一方追悼画の方は葉が茂った重々しい柳が墓を覆い尽くすように描かれ、重圧感がある。しかし、両者ともに、牧歌的な自然風景のなかに描かれていることが特徴で、ブルー・ウィローは水辺が中心であるが、追悼画にも川や湖などの水辺の風景が描かれることが多い。

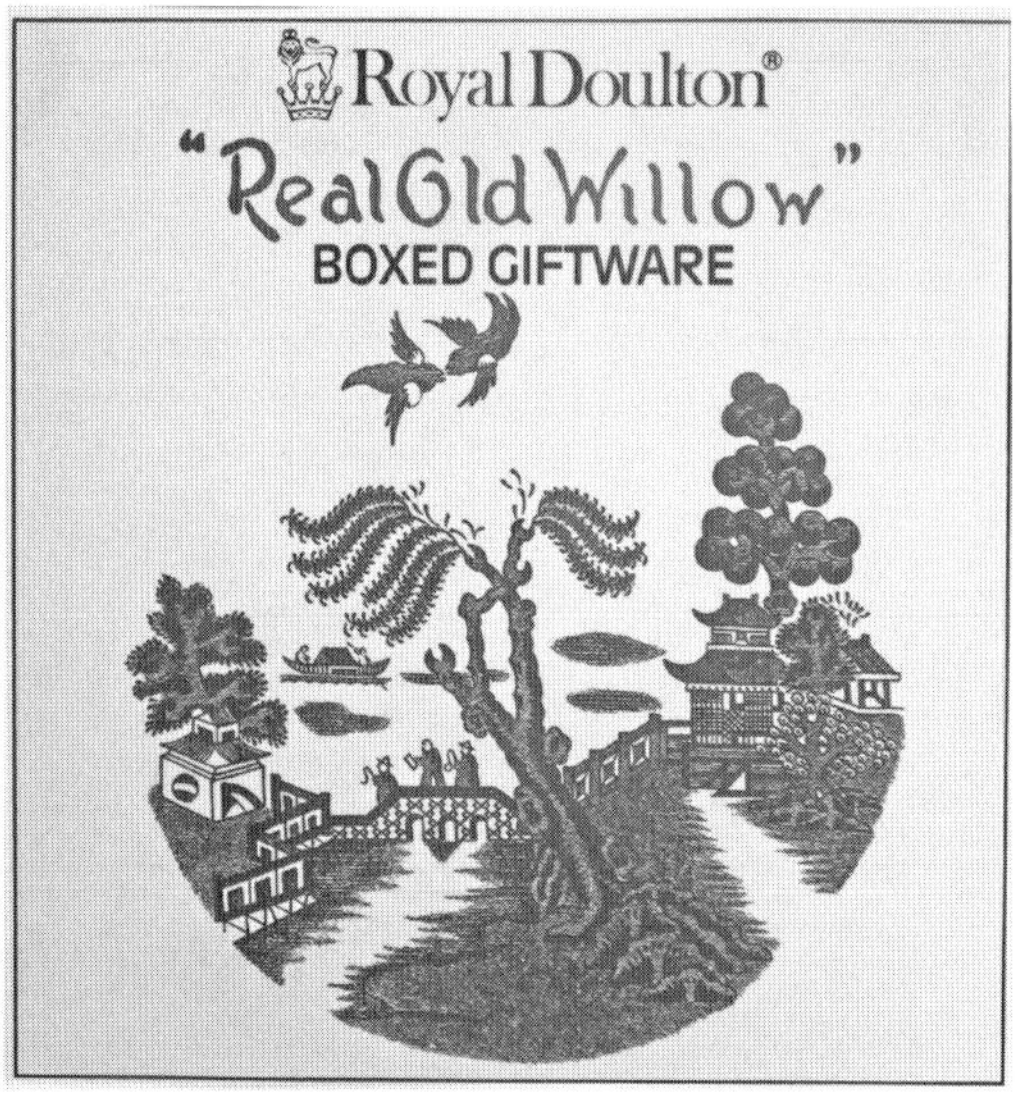

図19　ロイヤル・ドールトンのパンフレット表紙に描かれた柳　形がデフォルメされている（*The Illustrated Encyclopedia of British Willow Ware* より）

柳だけに注目して見ると、ブルー・ウィローの柳は二本の大枝が交差して×印を描いているところが大きな特徴のよう見える。おそらくこれは、中国の柳の描き方で、柳の特性である柔らかさの表現として枝を交差させ、枝先（あるいは花の房）を直線ではなくしならせて描いたのではないだろうか。ところが、西洋人の目を通すと、そのような意図よりも形自体が決まり事となり、それにこだわるあまりか、不自然にデフォルメされ、さらには記号と化したようなものまで見つけることができる。図19は、ロイヤル・ドールトンのパンフレットであるが、バランスをまったく無視したような上方の位置で二本の柳の枝を交差させている。

二本の枝が交差した柳は、追悼画のなかにも見られる。図8と図9である。先に述べたように、フィラデルフィアのサミュエル・フォルウェルがデザインしたワシントンの追悼画で、広く普及し、追悼画の流行にも大きく関わったデザインである。柳の二本の幹または大枝は交差して×印を描いているが、この大きな×印は、キリスト教のイコノグラフィに照らして、復活のあとに世界が再び始まる場所を表す象徴的な×印であると解釈する研究者もいる(42)。ブルー・ウィローの柳の木との関係は明らかでないが、ロイヤル・ドールトンの例にもあるように、もともとは優美さを表現する為の絵画技法であったものが、他の文化では記号として認知され、記号そのものになってしまった例と考えることもできるだろう。

柳以外の共通要素として興味深いものは、フェンスである。追悼画にもフェンスが描かれたものがあり、フォルウェルの絵には教会に続く道の片側にフェンスが張り巡らされている（図20）。追悼画の研究家のアニタ・ショルシュによると、フェンスは古くから聖母マリアの閉ざされた庭のメタファーであり、道は時を象徴して有限の時間から永遠へと移行する希望を表している。ワシントンの歩む道は、フェンスで閉ざされていた世界が開かれ天上へと続き永遠の存在となることを暗示している。[43] 他の追悼画もよく注意してみると、あちこちにフェンスを見つけることができる。ブルー・ウィローのジグザグのフェンスと同様に、フェンスを描くことは構図上の安定感やバランスをよくするための絵画技法的な側面もあるに違いないが、見る者に慣習的メタファーから生じる心理的効果も与えているのだろう。人々の想像力を刺激して物語を膨らませる効果的な記号として作

図20　図9の細部　左上の丘の上に教会が描かれ、そこに行く道の片方にフェンスが続いている

用していると言える。

ちなみに、ウィロー・パターンには、鳥が描かれているが、追悼画ではどうだろうか。ウィロー・パターンの鳥は、物語によると（とは言え、絵柄が先に存在したのだが）、悲劇的な死を迎えた二人のカップルが神々の情けで鳥となり、永遠の命を授かった姿を表している。追悼画には、翼をもった天使がまず目につく。フォルウェルの二つの追悼画には、どちらにも翼をもった天使が空に浮かんでいる。若い国家が失ったリーダーを天国に導く天使である。[44] フォルウェルのワシントンの追悼画のなかには、左上には翼をもった天使、その左下には羽を広げた鳥が描かれているものもある。その鳥はよく見ると足にオリーブの枝と矢をもつ白頭鷲であることが分かる。フォルウェルは、アメリカの国璽としての鷲、天から地上を見張る正義の鷲との両方の意味をもつ鷲を描いている。[45] 鷲は、ローマ皇帝ティトを背中に乗せて天に運んだ逸話からも、死んだワシントンを神格化するシンボルとも理解できる。魂を天国に運ぶ鷲は、ニューイングランドの墓石にも見いだすことができる。[46] ルシンダ・ディの墓石には、魂をお腹にかかえた鷲が彫られている（図21）。追悼画の鳥（ときとして羽だけ描かれる）は魂そのもの、そして魂が神の元に帰っていくことを象徴している。一方、墓石に登場する鳥は、死者を天国に運ぶ役割を担う鳥であり、ブルー・ウィローの、死者が鳥に生まれかわる転生思想とは異なる。

図 21　故人の魂をお腹の中に入れたワシ（The Lucinda Day Stone, 1800, Brookside Cemetery, Chester, Vermont）

ブルー・ウィローのアメリカでの流行

一七八〇年代にアメリカでは中国から輸入された比較的安価な白地に青の陶器が急速に普及している、と記したイギリス人旅行者の記録が残っている。[47] この頃、中国製にしろ、イギリス製にしろ、大量のブルー・アンド・ホワイトが入り、誰でもが買える安価な陶磁器が大量に流通することになった。その背景には二つの要因がある。ひとつは、中国との貿易業者が、富裕層のための高価な陶器に加え、安価な陶器も大量に船荷にしてもってきたことである。陶器は船荷として理想的だった。舟底に置いても湿気の影響は受けず、海水の浸入を食い止め、陶器の積荷の上により高価な絹や茶を積むことができたからである。重い陶器は船の安定にも貢献した。アメリカの独立戦争が中国の陶磁器の輸入に大きな影響を与え、それまでイギリスに頼っていたアメリカは、イギリス依存を減らすために、中国と直接取引をすることになる。こうして、一七八四年二月二二日に、ニューヨークから広東に向かったアメリカ船を第一号として中国との取引がその後三、四十年近く続くことになる。

ふたつ目の要因は、一八世紀後半からイギリスで製造され始めたブルー・ウィローが、アメリカにも入るようになり、中国製の陶器よりも安く販売されるようになったからである。[48]

アメリカでブルー・ウィローが人気を得たのは、イギリスと同様に、その物語に負うところが大きい。とくにアメリカ人の共感を得た理由として、ブルー・ウィローを研究したジョン・R・ハデッドは二つあげている。ひとつは、貧しい青年と裕福な女性の恋愛は、エリート主義を嫌うアメリカ人大衆にいつの時代も好まれてきたことである。さらには、この時代はジャクソニアン・デモクラシーの時代と言われ、「コモン・マン」（普通の人たち）が賞賛された時代でもあったことだ。安価なディナーウェアは、普通のアメリカ人でもブルー・ウィローやティーセットを楽しむことができること、チャンスをつかめば金持ちになれる夢をもつことができることを教えた。もうひとつは、当時の女性たちが、ブルー・ウィローを退屈な日用品とはとらえずに、退屈な日常にチャレンジするもの、そこから逃避する道具として見たことである。彼女たちは単なる日用品でしかないものに、まったく新しい文化の形、つまり、物語と結びつた皿を発明したのだった、と説明している。(49)

おわりに

一七八〇年代は、アメリカの独立戦争があり、戦争によってアメリカが中国との直接取引に方向転換するなど、輸入品としての中国陶磁器は少なからず影響を受け、増えていたと考えられる。さらに独立戦争が、イギリスからアメリカに柳がもたらされるきっかけとなったこと、一七九〇年代になると苗木のカタログに柳が登場するほどの人気を博したこと、これらを考え合わせると、実際の柳の木と、想像世界の柳の木は相互に影響し合い不可分の関係であったと結論づけられるが、これは柳のイコノロジー研究では重要な視点である。

ブルー・ウィローが今日まで続くロングセラーとなった理由は、物語と結びついたユニークな商品特性（最近では商品を物語で売る商法は珍しくないが）にあることをみてきた。しかし、ユニークな特性が付加されたのはブルー・ウィローという商品だけにとどまらなかった。実際の柳の木にもさまざまな逸話が付加され、それが柳を単なる一植物から、さまざまな伝説を生み出す歴史的・神話的樹木へと変化させたと考えられる。とくに、柳が英米に最初に植えられた逸話を見てみると、それが真実か否かは別として、むしろ現実と虚構を取り混ぜた形で、重要な歴史的人物・事件と結びついていることが理解できたろう。

イギリスでは偉大な文人ポープが、アメリカではワシントンの養子やゲイツ将軍、サミュエル・ジョンソンも関わっている。「ポープの柳」を介して、英米社会・文化の指導者たちが同じ親から生まれた植物を共有しているのである。それが「親」（本国イギリス）からの断絶を決行した独立戦争中の出来事というのは興味深いではないか。「親」・イギリスから政治的に分離はするが、精神のもっとも優れた部分は「子」・アメリカに具体的な形をとって引き継がれたことを暗示しているかのようである。柳の木の逸話の主人公は常に男性であることにも、そのファンタジーの核心は愛国心や男同士の友情、男性のセンチメンタリズムと結びついていたと結論づけたい。ポープの柳を無慈悲に根ごと引き抜いてしまったのは女性ではなかったか。英雄と結びついた柳の頂点に位置するのがナポレオンと柳の逸話である。これについては、第二章ナポレオンの柳で明らかにしたい。

一方、追悼画やブルー・ウィローの柳は、女性の想像力の世界とより深く関わっていたと考える。

当然、制作には男性も関わっており、ブルー・ウィローは男性にとっても子供時代を思い起こさせる懐かしい陶器に違いないが、そこから膨らむファンタジーの世界は、公的な世界というよりも、個人的な世界である。ジョン・R・ヘイデッドが「キャセイへの想像の旅――陶磁器を介して構築された中国、1780-1920年」で分析したように、現実の中国とは無縁のエキゾチズムに浸る個人的な喜びであった。

追悼画、墓石、陶磁器に描かれた柳の図像を比較してみると、家庭でよく目にするブルー・ウィローに影響された柳を追悼画や墓石に見つけてもよいはずだが、影響関係は見いだせなかった。ブルー・ウィローの柳は、追悼・葬送という新たなシンボルというよりも、それより以前の古い悲恋のシンボリズムが保持されていた、つまり二つのシンボリズムは当時の人々の心の中で住み分けがされていた。それが、相互に図像に影響を与えなかった理由ではないかと考える。

註

（1）John W. Draper, *The Funeral Elegy and the Rise of English Romanticism* (New York: The New York University Press, 1929), 337.
（2）George L. Miller, "Spode's Willow Pattern and Other Designs after the Chinese by Robert Copeland Review," *Winterthur Portfolio*, Vol. 17, No. 4 (Winter, 1982), 274.
（3）英国人森林研究家・活動家の Richard St. Barbe Baker の研究による。Lesley Gordon, *The Language of Flowers* (London: Webb & Bower), 1984, 46.
（4）Frank S. Santamour, Jr. and Alice Jecot McArdle, "Cultivars of Salix babylonica and other Weeping Willows," *Journal of Arboriculture* 14, 1988, 181.

（5）Carl von Linne, *Hortus Cliffortianus,* Amstelaedami [Amsterdam]: [s.n.], 1737, 454.

（6）この四つの Salix babylonica の標本はリンネ協会のオンラインで見ることができる。三つめの LINN 1158.22 に "china" がメモされていることが分かる．
[http://linnean-online.org/cgi/search/linnaean_herbarium_simple?q=salix+babylonica&_action_search=Search&_action_search=Search&_order=bytitle&basic_srchtype=ALL&_satisfyall=ALL] (2014.1.3)

（7）Santamour, 181.

（8）Maggie Campbell-Culver, *The Origin of Plants: The People and Plants That Have Shaped Britain's Garden History Since the Year 1000* (London: Transworld Publishers), 2001, 259.

（9）Ibid., 258-9

（10）この記述は、植物学者エィルマー・バーク・ランバート (Aylmer Bourke Lambert, 1761–1842) によって発見された、コリンソンがかつて所有していたミラーの『園芸辞書』等の本に書き込まれたメモの一部で、ランバートはコリンソンのメモを集めて発表した。ランバートは、これは柳がイギリスに最初に導入された信頼できる情報であるとしている。*The Monthly Review, Or, Literary Journal Enlarged: From May to August, inclusive. M, DCCC, XII (1812), With an APPENDIX,* Vol. LXVIII, London, 1812, 361.

（11）Ibid., 362.

（12）Online Etymology, weeping の項目

（13）Campbell-Culver, 259.

（14）Ibid., 260.

（15）Ibid.

（16）Blanche M. G. Linden, "The Willow Tree and Urn Motif; Changing Ideas About Death and Nature," *Markers* I, 1981, 153

（17）Ann Leighto, *American Gardens in the Eighteenth Century: "for Use Or for Delight"* (Amherst: University of Massachusetts Press, 1976), 308-9.

（18）Ibid., 487.

（19）Thomas Jefferson, *Garden Book,* [manuscript], 1766-1824, 28.

（20）Ibid., 29

（21）Benson John Lossing, "The Weeping Willow," *Scribner's Monthly*, August 1871, 383-388.
（22）Edwin Dethlefsen, James Deetz, "Death's Heads, Cherubs, and Willow Trees: Experimental Archaeology in Colonial Cemeteries," *American Antiquity*, Vol. 31, No. 4 (Apr., 1966), 502-510.
（23）Linden, 149.
（24）Ibid.
（25）John Claudius Loudon, *The Derby arboretum : containing a catalogue of the trees and shrubs included in it ; a description of the grounds and directions for their management ; a copy of the address delivered when it was presented to the town council of Derby ; by its founder, Joseph Strutt, esq. And an account of the ceremonies which took place when it was opened to the public, on Sept. 16, 1840* (London : Longman, Orme, Brown, Green & Longmans, 1840), 54-55 に引用
（26）Draper, 335.
（27）Ibid., 336.
（28）Ibid.
（29）Ibid.
（30）Ibid., 337.
（31）追悼画については、拙著『アメリカ田園墓地の研究』第一章第二節「追悼画の流行」で詳しく論じている
（32）Martha V. Pike, Janice Gray Armstrong, *A Time to Mourn: Expressions of Grief in Nineteenth Century America* (New York: The Museums at Stony Brook), 1980, 129.
（33）Connie Rogers, *The Illustrated Encyclopedia of British Willow Ware* (Atglen, PA: Schiffer Publishing), 2004, 7.
（34）Robert Copeland, *Spode's Willow Pattern* (London: A StudioVista/Christie's), 1980, 33.
（35）Ben Harris McClary, "The Story of the Story: The Willow Pattern Plate in Children's Literature," *Children's Literature*, Vol. 10, 1982, 57.
（36）Miller, 274.
（37）"The Story of the Common Willow-Pattern Plate," *The Family Friend* 1 (1849) , 124.
（38）Ibid., 126.
（39）McClary, 57.

（40）Roberts, 10.

（41）コープランドはこれらがウィロー・パターンと呼ぶのに必須の条件であると述べている Copeland, 33.

（42）Anita Schorsch,“A Key to the Kingdom: The Iconography of a Mourning Picture,” *Winterthur Portfolio*, Vol. 14, No. 1 (Spring, 1979), 65.

（43）Ibid., 60-61.

（44）Schorsch, Ibid. 62 に掲載（図 28）

（45）Ibid., 66.

（46）Allan I. Ludwig, *Graven Images: New England Stonecarving and Its Symbols, 1650-1815* (Middleton, CT: Wesleyan University Press), 1966, 207.

（47）John R. Haddad, “Imagined Journeys to Distant Cathay: Constructing China with Ceramics, 1780–1920,”*Winterthur Portfolio*, Vol. 41, No.1 (Spring 2007), 56.

（48）Ibid.

（49）Haddad, 65-66.

第二章　ナポレオンの柳

ナポレオンと柳の関係はセント・ヘレナに始まる

一九世紀のアメリカの柳の文化誌において、墓石や葬儀に表象される柳と、陶器の絵柄と結びついた柳に加え、もう一つ取り上げるべき重要な柳がある。「ナポレオンの柳」である。本書ではすでに何度か触れていたが、この柳は、セント・ヘレナ島に捕囚された元フランス皇帝ナポレオン・ボナパルトと柳の木の逸話に由来する。ナポレオンの流刑の地セント・ヘレナ島で、ナポレオンがとくに好んだ場所が泉近くの柳の木の生えた谷間で、ナポレオンの死後本人の希望により埋葬場所ともなった。ナポレオンの墓所を訪れた人々は柳の枝を記念に持ち帰り挿木として育て、そのようにしてナポレオンの柳は西欧世界に移植され広まった。現在も、ナポレオンの柳はニュージーランド、オーストラリアを中心に、ヨーロッパ、アメリカにも伝え継がれている。

「柳の下のナポレオンの墓」というイメージもまたすぐさま西欧社会に浸透し、西欧人の想像世界のなかに鮮明に刻印された。一九世紀アメリカの中西部で死刑執行を目前にリンチで殺害された男は、「セント・ヘレナのナポレオンの墓」に模した墓を望み、その図を書き残していた（図32）。埋葬場所となったケンタッキー州の彼の故郷には、「セント・ヘレナ」と名づけられた島が存在した。ナポレオンの捕囚の島に「みたてた」島が実際に存在し、彼にはナポレオンの墓が現実のものとしてイメージされたのだろう。このことにはどのような意味があるのだろうか。

実際に「セント・ヘレナのナポレオンの柳」は時代をくぐりながら、どんな人々の手によってどのように受け継がれていったのだろうか。残されたさまざまな逸話を通して順に見ていきながら、そのように伝え続けられていく「ナポレオンの柳」の意味は何か、探っていくことにしよう。[1]

ナポレオン捕囚地「セント・ヘレナ」はどんな島か

一八一五年六月一八日ワーテルローの戦いでイギリスとプロシアの連合軍に敗れたナポレオンは、その後イギリス艦に「自由意志で」投降するも、イギリス亡命の期待に反してイギリス領セント・ヘレナへ「島流し」となった。降伏から三ヶ月後の一〇月一五日にはセント・ヘレナに到着しており、一八二一年五月五日の死亡までの五年半、ナポレオンはセント・ヘレナ島での生活を余儀なくされた。

セント・ヘレナ島は南大西洋の火山島で、一五〇二年(または一五〇一年)航海者ジョアン・ダ・ノーバ率いるポルトガル艦隊によって発見された[2]。周囲を断崖絶壁に囲まれ、アフリカ西海岸から一九五〇キロ、もっとも近い島アセンションからも一一〇〇キロ隔たった文字通り絶海の孤島である。といっても、スエズ運河開通(一八六九年)までは、アジアや南アフリカ、オーストラリアやニュージーランドなど南太平洋を往復する船の重要な寄港地であり、海上の要衝であった。ナポレオンが捕囚されていた当時、年間一二〇〇隻もの船が寄港していた[3]。島名は、古代ローマ帝国コンスタンティヌス一世の母親で、キリスト教の聖人ヘレナに由来する。ポルトガル、オランダを経て一六五一年よりイギリス東インド会社の領有地となっていた。

一八一五年にナポレオンの居住地となったことで、新たな取り決めがなされた。国王によって任命された総督が新たに置かれ、ナポレオン捕囚にかかる費用は東インド会社とイギリス政府によって負担されることが決められた。ナポレオンの死後は、再び東インド会社に領有が戻され、一八三四年四月二十二日イギリス政府の領有となるまで続いた。ナポレオンの捕囚によって陸海軍の駐屯地が多く新たに造られている[4]。

ナポレオンが居住したロングウッド・ハウスは、港のあるジェームズタウンから約九キロ離れた標高五四八メートルの高台にある。ナポレオンは島に到着後、現地イギリス人商人が所有するブライアーズ・パビリオンに仮住まいをした後に、新たに建設されたロングウッド・ハウスに移った。五年半の島での生活を経て、その生涯をここで閉じたのである。

ナポレオンの死と、柳と泉のある場所への埋葬

ナポレオンの死亡から埋葬までの過程を、ナポレオンに随行したイギリス海軍外科医B・E・オミーラ医師等による『セント・ヘレナ回想録』（一八二二年米国で出版された版）[5]にある記述にみてみよう。ナポレオンの健康は、特に死の六週間前くらいから弱ってきた。寒暖の激しい、島の湿潤な高地の気候、きわめて活動的であった人間がほとんど運動をしない生活になったことなど、環境の大きな変化が健康を蝕ばんだとオミーラは述べている。そして一八二一年五月五日ナポレオンはセント・ヘレナにて、「五一歳一〇カ月一五日」の人生を終えた。遺体は、医師らによって解剖が行われ、死因は胃癌とされた。しかし、時間をかけて毒殺されたのではという疑惑を持つ者も多くいたと記されている。ナポレオンが死ねば、彼の捕囚にかかる年間二百万ドルの経費が浮き好都合だったからだと説明されている。死の数日前に、ナポレオンは、遺書をつくり、埋葬場所を指示した。死後、遺体はロングウッド・ハウスの寝室に安置される。

四日後の五月九日盛大な葬儀が執り行われる。ナポレオンは自分の体は、ロングウッド近くの、二本の柳の木の間に埋めてもらいたい、と希望していた。棺は一番内側が鉛、そしてマホガニー、一番外側はオークという、三重の棺に納められ、黒の馬車に乗せられた。馬車の後には、軍隊と海軍のすべての指揮官の葬列が続く。馬車は、道路沿いに整列した二千人の兵士の軍団と四つの軍楽

図22　1821年5月9日セント・ヘレナ島で執り行われたナポレオンの葬儀の模様（画像 Heritage Image Partnership Ltd / Alamy Stock Photo）

隊に見送られながら、埋葬場所まで運ばれた。徒歩の葬列のために新たに道が造成された。棺が墓所まで運ばれると、この日のために用意された大きな石室に、弔砲とともに降ろされ、石室に厚い石の蓋がかぶせられ、しっかりと固定された。そして、セメントが流し込まれた後は、その上にシンプルな石版がのせられた。このようにオミーラ医師は葬儀の詳しい説明をしているが、二本の柳に触れているのは一カ所だけでとくに柳に注目した感傷的な描写はしていない。

ナポレオンの死はどのように伝えられたか

ナポレオン死去のニュースはヨーロッパに伝えられ、早くも一八二一年七月にはイギリスの新聞や雑誌で報じられている。(6) ロンドンで出版された雑誌の七月号に、「ボナパルトの葬儀——五月一五日付セント・ヘレナより送られた手紙からの抜粋」とボナパルト（記事では「ナポレオン」の表記は避けられている）の葬儀の様子が報じられている。(7) 訃報記事には、ボナパルトが自ら望んだセイン・バレーに埋葬されたこと、将軍の最高ランクの形式で葬儀が行われたこと、シャルル＝トリスタン・ド・モントロン伯爵、アンリ・ガティアン・ベルトラン将軍、喪服姿のハドソン・ロー総督夫人と娘たち、海軍の下級士官、陸軍士官、最後尾にロー総督と最高司令官が葬列を成したことや、各部隊の三千人の兵士たちが周りの丘の中腹で葬儀を囲むように整列していたことなどが詳しく記されている。墓については、約一四フィート（四メートル強）(8) の深さで、上部は広く、底は棺を納める石室になっていたことや、一番上に大きな石版が置かれ、その間は石でしっかりと埋められ、遺体が運びだされないよう細心の注意が払われたことなどが述べられている。

ナポレオンが埋葬された場所に関しては、この記事では「ロマンチックな場所」と形容されていて、ハッツ・ゲートと呼ばれる近くの谷にあり、ここが選ばれた理由が説明されている。――ナポレオンの一行がセント・ヘレナに到着した時、ベルトラン将軍と家族は、彼らの住居が完成するまでハッツ・ゲートに住んでいた。ナポレオンはベルトランの家族を度々訪ね、そこからさらに下った泉のある場所までよくいっしょに歩き、「島一番おいしい」この水をナポレオンは中国人の召使いに汲みに行かせたという。ベルトラン将軍夫妻はいつもナポレオンに付き添い、ナポレオンが「もし、自分がこの岩塊の上（セント・ヘレナのこと）で死ぬことがあったら、ここに埋葬してくれ」と度々話すのを聞いていた。ナポレオンが指差したのは、泉の近くの、柳の木々の下であった――。

この記事は、ここで終っているが、翌月八月号の冒頭ナポレオンの肖像画とともにナポレオンの回想記事を特集した。「イギリスの宿敵……ナポレオン・ボナパルトはもはやいない……」という書き出しの記事は、ナポレオンを非難する論調で、埋葬場所に関しても、「柳」に触れているが、「ロマンチックな場所」という表現はない[9]。前月号の記事では「ロマンチックな場所」という感傷的な表現がされていたのは、記事の元になったのが「セント・ヘレナからの第一報」だったからではないだろうか。改めてナポレオン死去をイギリス国民に伝えるという翌月の記事では、論調は一転、「敵」としてのナポレオンに終始しようと、このような表現はされなかったと思われる。

ところが、死去後二年を経た一八二三年三月八日ロンドンで発行された『ザ・ミラー』誌になると、第一面に「セント・ヘレナのナポレオンの墓」と題して、誌面の半分も占める柳が描かれた図とともに記事を掲載している（図23）。「ナポレオンほど世界の注目を集めた人物はかつて存在しただろうか」、「世界を相手にした男が、今やこの場所に横たわっている」という書き出しで、ナポレオン（この記事では「ナポレオン・ボナパルト」、または「ナポレオン」が使われている）の生涯を紹介しながら、最期の詳細な説明がなされている。埋葬場所に関しては、側近たちは遺体をヨーロッパに搬送することを希望したが、遺書を開いてみると、島に埋葬して欲しいと書かれていたために、ナポレオンが望んだ、住居からも遠くない美しい谷の麓、好んで飲用した泉の近くの、うっそうと茂った柳（強調筆者）が揺らぐその下を埋葬場所としたとある。ナポレオンの墓は、この並外れた人物に相応しい、絶好の場所だという。島自体が彼の墳墓であるからだ。大洋から突き出た、堂々とそそり立つ不動の大岩石の孤島、まさに天才に相応しい完璧な象徴だ、と述べられている。(10)

この後に、興味深い逸話も伝えられている。ナポレオンの死後間もなくセント・ヘレナを訪れたロカビリー船長の話として語られたものだ。彼がナポレオンの墓を訪れ、偉大な男のすべてがこの小さな場所に収められているのかと、感慨にふけっていると、インドからイギリスに帰る途中立寄ったという婦人たちに出会った。好奇心から墓を訪ねたという。飲み物を持参して、芝の上に座って休息をとっていた。一人が、ナポレオンが好んで飲用したとされる泉の方向に歩いて行き、

The Mirror

OF

LITERATURE, AMUSEMENT, AND INSTRUCTION.

No. XIX.] SATURDAY, MARCH 8, 1823. [PRICE 2*d*.

Napoleon's Tomb at St. Helena.

FEW individuals of any age or country ever occupied so large a portion of

——" energy divine of great ambition, That can inform the souls of beardless

図23　1823年3月8日発行の『ザ・ミラー』誌

水を汲んで皆に分けた。船上の生活が続いたせいでおいしく感じたのか、皇帝の座から世捨て人になったナポレオンを思ってか、一人の女性が「こんなおいしい水を飲めたなんて、ナポレオンはなんと幸せだったのでしょう！」と感激して言ったのである。この〝哲学的〟な言葉に船長は心を打たれた。ピュアな水が、健康も自由も権力も、そして愛情にあふれた家族さえ奪われるという運命を生きた人物の解毒剤だったというのだから。婦人たちは、瓶に泉の水を注ぎ、その澄んだ水をイギリスに持ち帰りたいと言い、船長もならって、瓶に入れた水をリバプールまで持ち帰ったとされている。他の文献にも、この泉の水はナポレオンが好んで毎日飲用したもので、具合が悪い時にはとくに所望したとある。柳に加えて、泉も、健康を回復させる「聖水」になったと言えるだろう。[11]幽閉の身であったナポレオンも、そんな効用を十分承知し、期待していたと思われる。フランソワ＝ルネ・ド・シャトーブリアンは、この泉に触れ、ナポレオンは「もし神が健康を回復させてくれたら、ここに記念碑を建てねばなるまい」と言っていたと書き残している。[12]

残された「ナポレオンの墓を描いた絵」からわかること

ナポレオンの墓を忠実に描いたもっとも初期の画像のひとつは、セント・ヘレナ島の警備船の船長フレデリック・マリアットのスケッチをもとに作成された銅版画である（図24）。彼はナポレオン死去の急報をイギリスに届ける任を与えられ、死の床につくナポレオンを描いたスケッチ（死後一四時間後に描いたと記されている）を残した人物としてもよく知られている。[13] ナポレオンの墓の絵は、一八二一年七月二〇日に出版され、枠下の説明には、「ナポレオンの墓、本人の希望により、毎日水を汲ませ食卓に供した泉の近く、柳の木の下に埋葬された」とあり、「水」と「柳」に言及している。絵のなかにも、大きな柳と、左下植物のなかに泉のような流れが描かれている。

図25も初期の画像で、島に駐留していたガイ・ロトン大尉が一八二一年に描いたとされている。[14] 絵には、大きな柳の木が数本描かれ、その後ろに柵で囲まれたナポレオンの墓、左端には墓の警備にあたる兵士の姿、その横に警備小屋らしきものが小さく描かれている。柳と墓の周りは柵が取り囲んでいる。絵に感傷的な雰囲気はなく、オミーラ医師の回想録のように、事実が淡々と描かれている。

図24と図25を比べると、図24には、まだ墓の周りに鉄柵が設けられていないので、時期的にはこちらの絵の方がロトンの絵よりも早い時期、おそらく葬儀の直後に書かれたものだろう。警備兵はいるものの、警備小屋はまだなく、右端にテントの一部が描かれている。ロトンの絵に比べると、柳が大きく強調されて描かれているが、出版用に版画師トーマス・サザーランドが銅版画にする段階で柳が誇張されたのかもしれない。図23の『ザ・ミラー』誌の画像のような、「うっそうと茂った」柳が全面に大きく描かれている。

次に、オランダ語の出版物「セント・ヘレナとナポレオンの墓」（おそらく旅行記）に掲載されたナポレオンの墓を見てみよう。[15] この記事や絵の作者などの詳細は不明であるが、柳の真後ろから左側に回り込んだ構図が取られ、柳を右、その横に墓という位置関係になっている（図26）。多くのナポレオンの墓のイメージは、この構図が一般的である。この記事や絵の詳細は不明である。ロトンの絵のように基本的に写実的ではあるが、複数の柳（左に離れた一本が描かれている）の木は図25に比べると、その姿も、一列に並んでいる描き方もより抽象化・形式化されている。絵のフレームを構成するように木が左右一本ずつ描かれ、小高い山の上には常緑針葉樹が複数並んで描かれるなど、一九世紀初頭に流行する追悼画の形式を思い起こさせる描き方である。

旅行画家オーガスタス・アールによる一八二九年のナポレオンの墓の絵（図27）は、さらに抽象化されている。図24と同じ方向から描かれた柳はシンボル化され、墓所に独特のメランコリーな雰囲気を与えている。

図28は、一八三六年七月、チャールズ・ダーウィンのビーグル号がセント・ヘレナに寄港したとき、助手のシムズ・コビントンが描いたナポレオンの墓のスケッチ画である。ダーウィンは、ナポレオンの墓について少々辛辣な印象を日誌に書き残している。それによると「石を投げたら届きそうな距離の」墓所近くの宿に泊まったが、「周りには複数の小屋があり、道路は人の往来も多く」[16]、思い描いていた偉大な人物の崇高な墓にしては違和感があると率直な意見を述べている。奥まった谷底にある墓所は本来人里離れた辺鄙な場所のはずだが、ナポレオンの死から一五年もたち環境が変化したのだろう。墓地の地主が補償金をもらい、そばに小さな店を開いてドライフラワーや泉の水の瓶詰めを売る商売を始めたというので[17]、この頃には、きっと小屋も増え、訪れる人を泊める宿

もできていたのだろう。

一九世紀半ば、ジョージ・ワシントンの墓を訪れた人物が、すぐ横で、銀盤写真を撮る商売がすっかり定着して小屋までできていることを、神聖な場所への冒涜と憤っていたのと同じ現象が、

図 24　フレデリック・マリアットのスケッチを元に出版された絵（1821 年 7 月 20 日（画像 British Museum and Creative Commons (CC BY-NC-SA 4.0)）

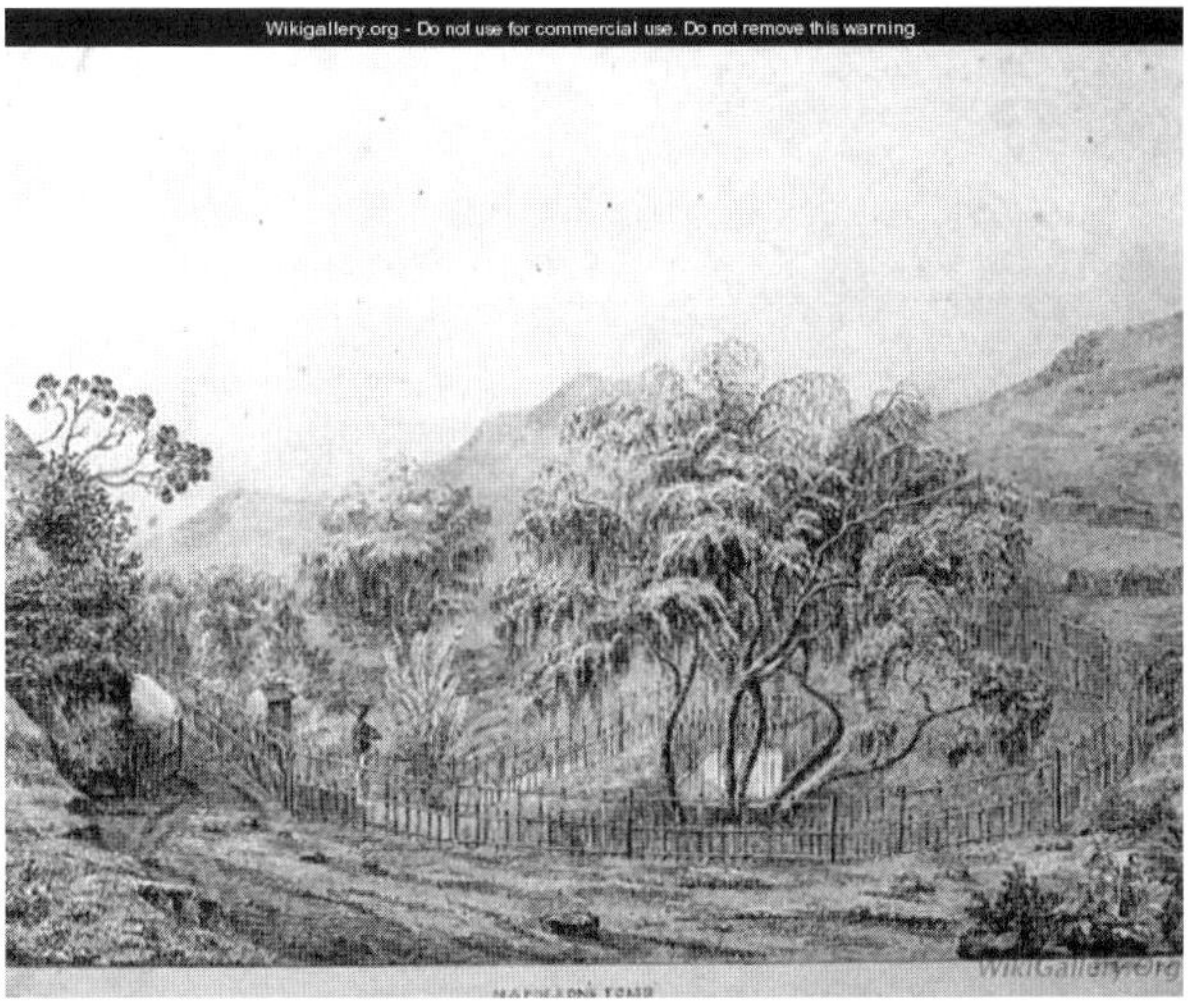

図 25　ガイ・ロトン大尉によるナポレオンの墓の絵 (1821)（画像 WikiGallery.org: Napoleons Tomb at Longwood on the Island of St. Helena, 1821 by Captain G. Rotton)

遥か遠くの孤島セント・ヘレナでも起きていたということだ。(18)

さらにダーウィンは、セント・ヘレナの実際の墓は、「墓」と呼ぶのもはばかられるシロモノだと、わざわざ述べている。というのもナポレオンの墓のあるセント・ヘレナ島全体が、多くの雄弁

図 26 1830 年代に出版されたオランダ語の本の挿絵（画像 "St. Helena en het graf van Napoleon," n.p., 183-? HTI Trust より））

図 27 オーガスタス・アールによるナポレオンの墓（1829）(画像 National Library of Australia)

家の言葉によって、壮大な墳墓に例えられているからだ。ある旅行者などは、この小さな〝気の毒な島〟を、グレーブやチューム、ピラミッド、セメタリーなど九通りの墓の名称を用い、大それた墳墓そのものにしてしまっていると述べている。[19]

図 28　ダーウィンの助手が描いたナポレオンの墓　1836 年（画像　R. D. Keynes ed., *Charles Darwin's Beagle Diary*, Darwin Online）

図 29　イトスギが描かれたナポレオンの墓　1837 年に出版された Een bezoek op het eiland St. Helena in October 1837, by NETSCHER, A. D. van der Gon. より。（画像 Public domain, via Wikimedia Commons）

ダーウィンの助手、コビントンは日誌でより客観的な詳しい説明をしている。墓のある谷には、畑や家々があり、墓は何も書かれていない大きな長方形の石が置いてあるだけの、偉大な人物の墓にしては簡素なものだったと述べている。[20] 墓は鉄柵で囲まれ、さらに見学者が歩けるだけのスペースを残し、五、六メートル離れた外側には木製の柵がある。柵で囲まれた美しい芝のなかには柳とイトスギがあることも述べられ、絵に描かれている針葉樹らしい複数の木がイトスギであることが分かった。柵の外側には、ナポレオンが水汲みにやらせた澄んだ泉があることにも触れられている。また、墓の東の柵の内側にはワレン提督（サー・ボーラス・ワレン）の夫人レディ・ワレンと娘が植えたゼラニウムにも触れられている。

柳に関しても言及しており、墓を守る老齢の警備兵がいて、柳の木に指一本触れさせないよう警備しているが、イトスギの小枝は持ち帰えることが許されていたと述べられている。コヴィントンの簡単なスケッチを見ると、葉がほとんどないような姿の柳と柵の周りにまだ若いイトスギが何本も植えられている様子が分かる。同じく若いイトスギが描かれた同時代の絵もある（図29）。この絵には、子供連れや男女のカップル、警備兵に話しかけている男性などが描かれ、初期の図24や25の絵に比べると、より明るい雰囲気で、観光名所として整備されてきた様子がうかがえる。

イトスギは初期の墓の絵には描かれていないので、おそらく、墓の整備をするなか、観光名所化する過程で、柳とともに葬送のシンボルでもあるイトスギが植えられたのだろう。それを押し進めたのは、どうもセント・ヘレナの総督であったようだ。柳の寿命は短いので、総督によって親木からの挿木がなされ、イトスギも植えられたことがマンディ船長のセント・ヘレナ探訪記の記事に書かれている。[21]

セント・ヘレナのナポレオンの墓は、その柳が重要なシンボルであったことは間違いなく、広く普及して人々の心に強い印象を残したために、実際の墓地を見てがっかりする体験も記録されている。一八五二年にセント・ヘレナを訪れたエドワード・トールと同行者たちが墓を訪れたとき、「ようやく美しい小さな谷が見えた。端には柳が見えたが、印刷物にあるように優美でも、豪華でもなかった」と落胆した印象を書き残している。[22]

セント・ヘレナにイギリスの〈ピクチャレスク〉な風景があった

ダーウィンは、セント・ヘレナの植生についても調査し、島がイギリスの風景（実際には「ウェールズの風景」と言っている）に酷似していることに驚いている。それは「まったくイギリスの面影を具えた植物」（島地威雄訳）が植えられていることによる。丘に不規則に植林された「スコットランドもみの木」、傾斜した岸辺の「はりえにしだ」、そして生け垣にはブラックベリー、細流の岸辺にはふつうに見られる「しだれやなぎ」をあげている。そして、当時島に見られる植物の七四六種類のうち、五二種が土地固有の種で、「その他は主としてイギリスから移入されたものである」と述べられているので、イギリスから持ち込まれた植物がイギリス的な景観をつくりあげていたことは間違いない[23]。さらに別の文献にも、東インド会社が他の木とともに柳も島に持ち込み、墓のある谷にも植え、ナポレオンが島に来る前に育っていたという記録もある[24]。

オーストラリアの一八三四年の『シドニー・モーニング・ヘラルド』紙は、さらに具体的な内容で、セント・ヘレナのビートソン総督（東インド会社の役員で試験的農業の推進者）が、一八一〇年に島にイギリスから持ってきた多くの柳を植えたと述べている。そのなかに、シダレヤナギもあり、谷の泉近くにも植えたところ、大きな木に生長した。それが、ナポレオンが木陰で休息をとったあの柳であると説明されている[25]。

柳に加え、一八二六年のオーストラリアの新聞は、セント・ヘレナのナポレオンの墓には七本の柳とともに、「イギリスの牧草」（イギリスからアメリカやオーストラリアに持ち込まれたブルーグラスなどの牧草[26]）が墓を覆っていることに触れている[27]。ナポレオンの墓所がイギリス領のセント・ヘレナであったことによって、イギリスの〈ロマンチック〉で〈ピクチャレスク〉な風景のなかのナポレオンの墓のイメージができあがったといえる。それは、ヨーロッパ大陸の幾何学的な「整形庭園《フォーマル・ガーデン》」が示すような権力を誇示する景観とは異なる島国イギリスの自然風で感傷的な景観であった。

「柳の枝」を持ち帰って記念物にした

ナポレオンの柳の木は葬儀当日から、記念物として枝や幹を持ち帰ることが行われた。ナポレオンの従僕ルイ・マルシャンは以下のように書き残している。

> 葬儀が終わった時、すでに多くの参列者が崇拝の対象となっていたヤナギの木に飛びかかって枝をもぎ取っていた。悲しい儀式の思い出を欲する人々に一瞬にして裸にされてしまいかねないヤナギの木を守らねばと、総督は直ちに彼らを追い払わせた。島民の側からすれば、このようにむげに追い払われたことも、皇帝に対する総督の行為に反感を募らせる一因となったのではあるまいか。墓の周りには仮のバリケードが建てられ、二人の歩哨が警戒に当たり、一人の将校と十二人の兵卒からなる部署が設けられた。ロングウッドに戻る前、総督は、将来皇帝の亡骸に蔭を落とすであろうヤナギの木の枝を私たちに一本ずつもぎ取ることを許した。[28]（薮崎利美訳）

ナポレオンの侍医アントンマルキも、その回想録のなかで、この様子を以下のように記している。

> このように、［埋葬が終り］墓の最終工事をしている間、人々の群れは柳の木に我先にと駆け寄った。ナポレオンの存在により、それはすでに崇拝の対象（強調筆者）となっていた。死者を悼む厳かな情景を心に留め置くために、偉大な人物の墓を覆うこの柳の枝や葉を記念に持ち

帰りたいと人々は願った。ハドソンと提督は、このような感情にかられた行為を不快に思い、怒鳴り散らしてやめさせようとした。しかし、それも効果なく、柳の木は、手の届く範囲葉も枝も丸裸にされた。ハドソンは、怒りで顔が青くなった。しかし、違反者は大勢で、あらゆる階層に及んでいたために、罰することもできなかった。しかし、彼は反撃にでて、墓の周りを柵で囲み、二名の見張りと士官も含めた十二名の警備兵を置き、人々が墓に近づくことを禁止した。しかも、警備兵をそこに常駐させたのである。(29)

葬儀も済んでセント・ヘレナを後にする前日の五月二六日、ベルトラン夫妻、モントロン、アントンマルキ医師も含めたフランス人一行はロングウッドを引き上げる途中、ナポレオンの墓に最後の別れを告げるためにやってきた。(30)スミレやパンジーが咲き乱れるなか、涙を流しながら永遠の別れを悲しみ、記念に柳の枝を数本折ったが、兵士たちはそれを拒めなかったとアントンマルキは書いている。(31)それらの兵士の一人と思われる人物が書き残した別の記録によると、フランス人二人に柳の小枝を折ることを許すと、「この品は自分たちにとっては金の冠よりも貴重（強調筆者）である」と感謝されたと述べられている。(32)

このようなことが続いたのだろう。ついに、フランス人士官たちが、数本の幹を柳から切り取って記念物として本国に持ち帰った事件によって、ナポレオンの墓の周りは強固な木製の柵が設けられ、人が柵の中に入らないように老齢の警備兵が近くに寝泊まりをして見張るようになったと、一八二六年のオーストラリアの新聞は報じている。[33] とはいえ、一八二九年出版の航海記では、探検家ピーター・ディロンがセント・ヘレナのナポレオンの墓を訪ねた時、墓を守っていた老負傷兵が、墓のそばの柳の木の枝を数本一行に差し出したと述べているので、その後も警備兵自らが柳の枝を記念物として訪問者に提供していたことが分かる。[34]

一八三六年のダーウィンが訪れた頃になると、すでに述べたように、柳の枝を折ることは厳しく禁じられ、記念物として持ち帰ることが許されていたのはイトスギのみだった。それでも多くの柳の小枝が持ち出されたことだろう。警備兵に見つかって取り上げられたという話が記録されているが、見つからないで持ち出した人も多くいたはずだ。[35] 墓を訪れる者誰もが柳の枝を少しずつ持ち帰り、「神聖な寺院の聖遺物」のように大切にした。[36] このような記述を当時の新聞や雑誌の記事から容易に見つけることができるからだ。

かくして、一八四〇年代にもなると、ナポレオンの柳は、シェイクスピアの桑の木と並んで、民衆にもっとも人気の記念物の一つになったと、民衆の妄想と愚行について書いたチャールズ・マッケイに言わせるまでになった。[37]

伝説となったナポレオンの柳――ニュージーランド

ナポレオンの柳の枝は挿木として母国や移住地に持ち帰られ、「ナポレオンの柳」としてあちこちに植えられ、語り継がれる「伝説」あるいは「歴史」の木となった。ニュージーランドとナポレオンの柳でウェブ検索をかけると、セント・ヘレナのナポレオンの墓から柳の枝を持ち帰って挿木にした話が各地に見つかり、決まってそのようにして根づいた柳が挿木でさらにニュージーランド全土に広まったと語られている。例えば、一九〇八年の『ニュージーランド・ヘラルド』紙は、「ニュージーランドに植えられたナポレオンの墓の柳」と題して、もっとも初期のニュージーランド移民のジョン・ティンラインが一八五〇年イギリスからの航海の途中セント・ヘレナに寄り、ナポレオンの墓から柳の小枝をとってジャガイモにさして持ち帰ったという話を載せている。それをニュージーランドのネルソンで植えたところ、すばらしい木に生長した。数年後にティンラインはカンタベリー州に挿木をもっていき、それが川の土手のあちこちで大きく生長しているのを目撃したと書かれている。それがさらに多くの川辺に植えられ、小さな挿木から、大木に生長したという。大木になったというのは誇張とも言い切れず、ダーウィンも、イギリスの植物は他に移植されると母国よりも大きく生長するようだと述べている。しかし、話の方はさらに誇張され、「実際、ニュージーランドのすべての柳はこの柳が親だと言っても間違いではないだろう」と結ばれている。そして、最近高齢で亡くなったティンラインについて、彼の柳は、深刻な問題をもたらした他の植物とは異なり、新天地にうまく適応し、その成功の証を見るまで彼は長生きしたのである、と記事は締めくくられている。(38)

図30　ニュージーランド、クライストチャーチ、エイボン川のナポレオンの柳とナポレオンの柳の説明文　（柳の写真　Greg Balfour Evans / Alamy Stock Photo）

「歴史のある木」となったナポレオンの柳――オーストラリア

オーストラリアもまたナポレオンの柳に関して多くの記録・逸話が残っている。先に触れた『シドニー・モーニング・ヘラルド』（一八三四年）紙は、ナポレオンの墓にあった柳はナポレオンが死去した頃に強風で倒れたが、ベルトラン将軍の夫人が挿木を墓の周りに植え、その一本が大きく育った、その木から取られた数多くの挿木がイギリスに渡り、ナポレオンの柳として栽培され広まったと述べている。同じ時期に、イギリスからオーストラリアに向かう多くの船がセント・ヘレナに寄港し、乗船者たちがその柳の挿木を持ち帰り、そのいくつかが、シドニーの植物園の池のそばに植えられた柳の祖先であると述べられている。さらに、ニューイングランド地域（ニューサウスウェールズ州）の川縁に生えている柳の多くは、地元住民によると同じ先祖であるという。バサーストとその周辺の美しい景観は、初期の移民たちが河岸といえばどこでも柳を植えた努力の賜物であり、その軽やかな緑の葉がオーストラリア固有のリヴァー・オークと鮮やかな対照を成している。テユマット川（ニューサウスウェールズ州南東部を流れる川）流域は、イギリスとオーストラリアの木がうまく解け合い、美しい景観をつくりあげているよい見本であると述べている。[39] イギリスを代表する柳が、土着の植物と美しく混じり合っている姿は、（植民地）社会の理想でもあるだろう。柳が加わったことにより、景色がより美しくなったとうニュアンスさえうかがえる。

一九三九年七月二五日の『マーキュリー』紙（タスマニア州ホバート発行）は、「ナポレオンの墓からやってきた柳」と題する記事で、タスマニア州プレンティのサーモン・ポンドにある柳が、実はナポレオンの墓から直接取ってきた柳であることが最近明らかになったと報じている。タスマニアではそのような歴史的背景はほとんど知られていないが、オーストラリアから持ち帰った古い家族の記録を調べていたイギリス人が、『タイムズ』紙に載せた記事で明らかになったという。(40) それによると、ニューノーフォーク近くに住んでいた夫妻がホバート港に停泊していた船の船長に昼食に招かれたときに、「お土産」代わりにセント・ヘレナのナポレオンの墓から取ってきた柳の小枝を差しだされたそうだ。枯れかけてかなり乾燥していたが、帰宅して夫人が川縁にさしたところ、柳はサーモン・ポンド近くのダーウェント川に枝を垂らす立派な木に生長したという。さらに、同紙は二日後にも「歴史のある木」のシリーズで、キャンベラの柳の歴史を紹介している。ナポレオンの警備兵であったバルコムが、ナポレオンの死後柳の小枝をもってオーストラリアに移住し、その多くをキャンベラ近郊の土地に植え、その柳が生長するとキャンベラを流れるモロンゴ川沿いに植林されたという。(41)

アメリカのナポレオンの柳

アメリカにも多くの場所でナポレオンの柳の記録や逸話が残っている。アメリカ海軍のウィリアム・ベインブリッジ代将が南ヨーロッパからニューヨークに帰還したときに、セント・ヘレナのナポレオンの墓から柳の枝を持ち帰り、ニューヨークのブルックリン海軍造船所の端に植えたという話が伝わっている。[42] しかし、ベインブリッジ代将がセント・ヘレナに滞在したのはナポレオン捕囚以前の一八一二年で、いつ挿木を持ち帰ったのか不明で、他の人物が植えたという説もある。

マサチューセッツ州のプロビンスタウンにも、ナポレオンの柳が伝わっている。ケープコッド先端にある港町プロビンスタウンは、世界中からさまざまな物がもたらされた。郷土史によると、樹木も世界各地から移入され、ナポレオンの墓の柳もそのひとつだったという。[43] 一九一一年の消印の押された「ナポレオンの柳」の絵はがきには立派な柳が写っており、歴史的樹木であったことがうかがえる。(図31)

断たれずに繋がれた「ワシントン邸の柳」の系譜

ジョージ・ワシントンの邸宅、ヴァージニア州のマウント・バーノンに植えられたナポレオンの柳は、「ジェネオロジー(家系)」の逸話で語られている。

フランス人の海軍士官が一八三五年、ナポレオンの墓から挿木を持ち帰り、それがフランス政府によってアメリカ合衆国に贈られたという。その柳はマウント・バーノンのワシントンの墓のそばに植えられが、南北戦争後に、西部に移住した士官によってその挿木がワシントン準州にもたらされた。シアトルの町を見下ろす丘の上の、彼の新居の庭に植えられた柳はよく育った。

図 31　マサチューセッツ州プロビンスタウンのナポレオンの柳の絵葉書 20 世紀初頭

一九六二年、息子の代になっていたこの土地が、市当局の高速道路建設予定地に入り、柳は切り倒されることになった。庭の柳の話を聞かされて育った息子は、柳をどうしても守りたいと市に掛け合い、柳は挿木をとって適切な場所に植え替えた。かくして、セント・ヘレナの柳の系譜は断たれずに維持された。この記事を掲載したシアトルのジェネオロジー財団のニュースレターは、柳がたどった一八〇年の歴史を、物理的に遠く離れた四つの地域にたどり、それを「ジェネオロジー」と呼ぶのは無理があるかもしれないが、祖先の歩んだ道筋を遠くの地までたどろうとするわれわれの努力とかけ離れているわけではないと記事を結んでいる。(44)

死刑囚の男が望んだのは「セント・ヘレナの墓」だった

ケンタッキー州生まれの平凡な市民、アドルファス・ファーディナンド・モンローが歴史に名を残しているのは、死刑が確定していたにもかかわらず、暴徒によって処刑の前に殺害されたリンチ事件の犠牲者だったからである。市民権の歴史など法制史の研究で取り上げられる以外ではほとんど知られていない人物である。モンロー自身は教養のある男で、事件を起こした後に自伝と、事件と裁判の記録を著した手記を出版している。筆者が注目したのは、自分の墓をセント・ヘレナのナポレオンの墓にして欲しいと願ったからである。スケッチも添えられており（図32）、下の説明文には、「もし私が死んだら、ケンタッキーに連れ帰ってくれ——ここから故郷に連れ帰り、ファルマスにある島のひとつ、『セント・ヘレナ』か『恋人たちの隠れ家』、に埋葬してくれ。同封した指示に従って、頭の上には柳を、足下にシーダを植える」と書かれている[45]。

死刑という悲劇的な最期を目前にして、セント・ヘレナの墓を拠り所とするとは、「ナポレオンの墓」は彼にとってどんな意味があったのだろうか。彼の書いた手記をもとにたどってみる。

モンローは、一八二七年十一月六日に、ケンタッキー州ペンドルトン郡ファルマスに生まれた。幼い頃父親を亡くし、母の手ひとつで育った。初等教育を受けたモンローは教師となり、一八五二

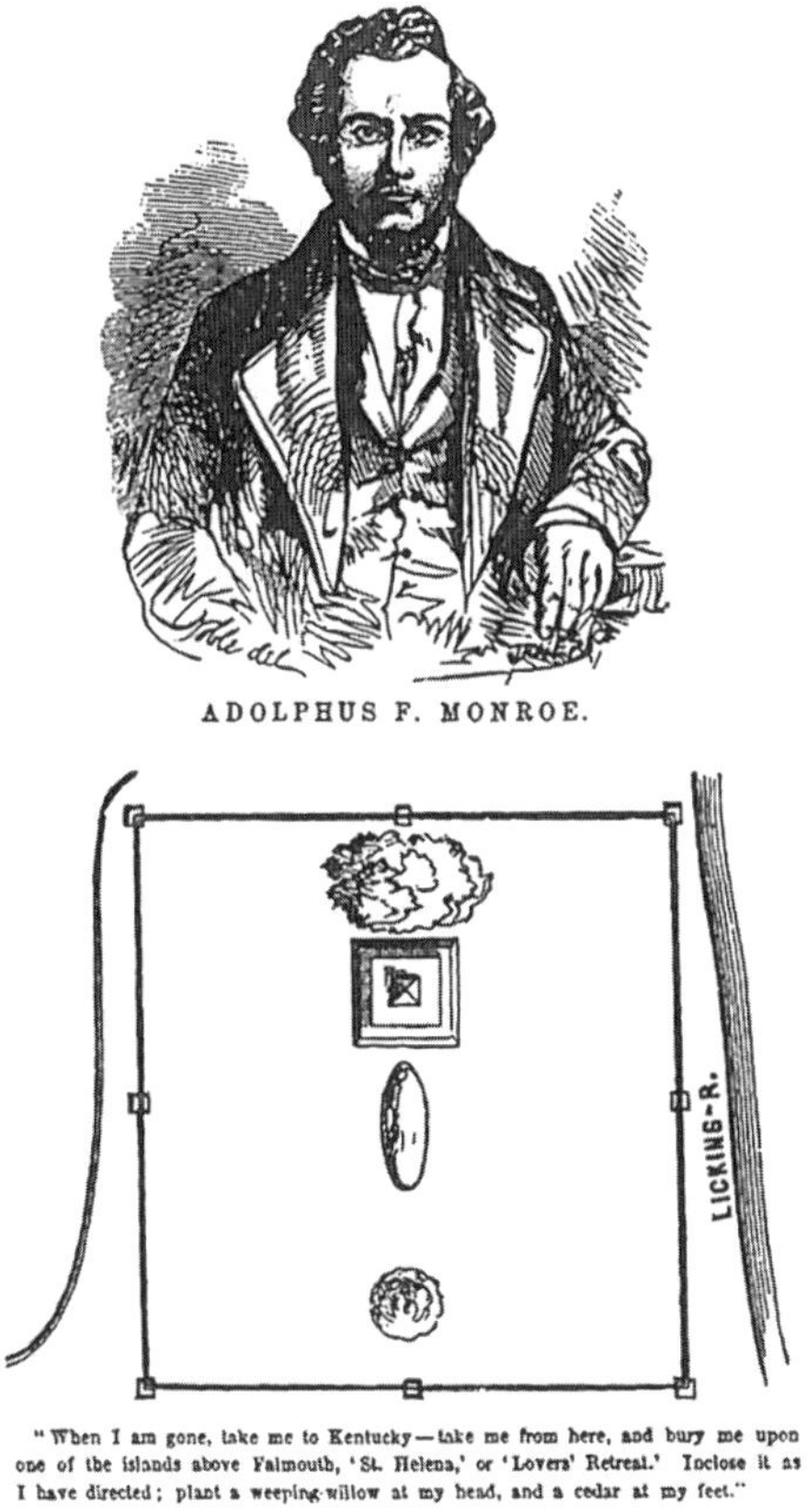
ADOLPHUS F. MONROE.
LICKING-R.
"When I am gone, take me to Kentucky—take me from here, and bury me upon one of the islands above Falmouth, 'St. Helena,' or 'Lovers' Retreat.' Inclose it as I have directed; plant a weeping-willow at my head, and a cedar at my feet."

図32　セント・ヘレナのナポレオンの墓を模したモンローの墓の図。（図像 Adolphus Ferdinand Monroe, *The Life and Writing of Adolphus F. Monroe* (Cincinnati: Printed for the Publisher), 1857 より）

年二月イリノイ州のチャールストンに移るまで教師をしていた。

　モンローの故郷ファルマスは、リッキング川の本流と支流が交わるところに位置する美しい村と描写されている。詩人や画家の詩心、絵心に訴えるような風景だという。美しい景色の背後には、インディアンの襲撃など血塗られた暗い過去もあり、そのような土地柄が若きモンローに影響を与え、早熟で、頭の良い、気がはやく、情熱的で、多感な気質を育んだ。この村の、自然豊かで〈ロマンチック〉な風景をイリノイ州のチャールストンに移った後もずっと忘れず、幼少期の思い出のなかで神聖化された場所について、情熱をもって語っている。初めて教育を受けた学校、一人で瞑想にふけった柳の木が繁る島、そして川である。その流れは、彼がこの手記を書いている時にも、目に見え、耳に聞こえていたという。

　モンローは身長一メートル八〇センチの長身で、ほっそりとして、繊細、女性のような美しい顔立ち、亜麻色の髪、深いブルーの目、広い額、高尚で知的で女性にもてるタイプだったと書いている。

　イリノイ州のチャールストンに移ってから、彼はドラッグストアの店員となり、一八五三年の春、ナンシー・エリントンと知り合いすぐに恋に落ちた。彼女は、ネイサン・エリントン（地元の名士でコール郡初代書記）の娘で、親の強い反対を何とか切り抜け、一八五三年一二月一二日に結婚し、夫婦には娘も生まれた。

　未熟な妻と、妻の両親（とくに母親）の過度な干渉、妻の両親の娘婿の家族への軽蔑的な態度等がモンローと義父とを激しく対立させ、ついに義父と通りで激しい口論となったモンローは、拳銃で義父を殺害してしまう。一八五五年一〇月一九日のことだった。コール郡初代書記官が娘婿に撃たれて殺害されたと各地元紙は報じ、大事件となった。翌年の一月二四日に裁判で有罪となり、絞首刑が言い渡される。二月に刑が執行されるはずだったが、刑の執行が延期されたことが引き金となり怒った暴徒が、刑務所を襲い、モンローをリンチで殺害してしまった。

彼の遺体は妻によって鉄道でケンタッキー州に運ばれたことが新聞で報じられている(46)。実際の埋葬場所は、一九四六年六月八日にファルマスを訪れた二人の婦人が、地元の人の案内でモンローの墓を訪れた手書きのメモにより特定できた。それによると、モンローは彼自身が図で示したとおりにリッキング川近くのブルー・ベル・アイランド(元セント・ヘレナ)に埋葬されていた。しかし、一九四六年には墓と分かる物は何も残されておらず、頭の方に植えられた柳も、足下に植えられたシーダもなくなっており、枯れた柳の切り株のみ見つかったと書かれている。地形がかろうじてかつての面影を残しているだけだったという(47)。

モンローから最も信頼され、手記の出版をまかされた義弟(三歳下の妹の夫)の名前がナポレオン・ボナパルト・オーリックであった(48)。なぜ、ナポレオン・ボナパルトと名付けられたのか資料がなく不明であるが、彼が誕生した一八三〇年までには、これまで考察したようにナポレオンに関する記事や図版が多く出版され、またアメリカ大衆の意識のなかでナポレオンの存在は、ジョージ・ワシントンを凌ぐ破格の地位を与えられていたという研究もあり(49)、そのような環境でアメリカ中西部の「ナポレオン・ボナパルト」が誕生したのだろう。

それにしても、ケンタッキー州の片田舎に「セント・ヘレナ島」が存在したことや、そこには柳が植えられ瞑想の場所であったこと、悲劇的な運命を背負わされたモンローがそこを自分の埋葬場所としたことなど、ナポレオン、とくにセント・ヘレナ島のナポレオンの影響が、このような場所まで浸透していたこと、具体的な形をとって存在したことを示すひとつのケースであろう。

第一六代大統領アンドリュー・ジョンソンのナポレオンの柳

リンカンの暗殺後大統領となった、テネシー州選出のアンドリュー・ジョンソンは、大統領職退任後の一八七五年七月三一日六七歳の生涯を閉じた。彼の葬儀は自宅のあるテネシー州のグリーンビルで、フリーメイソンが主導して行われたことが当時の新聞で報じられている。埋葬場所は、グリーンビルの南西半マイルにあるジョンソン・ヒルであった。眼下にグリーンビルを臨む丘にある五〇エーカーの土地はジョンソンの所有で、自分の埋葬場所に柳を植えて印をつけておいたという。その柳は自宅の庭に植えられていた柳からとった挿木で、元はセント・ヘレナのナポレオンの墓から取ってきたものだった[50]。海軍大佐ウィリアム・フランシス・リンチが一八五〇年代に西インド諸島を巡洋中にセント・ヘレナから持ち帰った柳の挿木を、当時下院議員だったジョンソンに贈り、ジョンソンはそれを自宅の裏庭に植えた[51]。八月一一日の地元紙は、「レリック・ハンター」(記念品

図33　アンドリュー・ジョンソンのナポレオンの柳　テネシー州アーバンフォレスト協議会のホームページでランドマークツリーとして紹介されている　元の木から挿木で増えたもの（Photograph by Kendra Hinkle）

を持ち帰ろうとする人たち）という見出しでジョンソン元大統領の葬儀が行われているさなか、多くのレリック・ハンターたちが、仕立屋（かつて元大統領が働いていた）の布端や、墓の盛土の石ころとともに、元大統領の自宅庭のナポレオンの柳の枝をとって持ち帰ったと書いている[52]。

ジョンソン元大統領の裏庭に植えられた柳は、セント・ヘレナの柳の直系として、その逸話とだぶりながら人々の想像力のなかで増幅され、セント・ヘレナの柳はさらに拡散していった。アンドリュー・ジョンソンのナポレオンの柳は二〇一一年にテネシー州の歴史的樹木、ランドマークツリーに指定されている（図33）。

ジョンソン元大統領が死去した一八七〇年といえば、ナポレオンの死からすでに半世紀近く経っている。元大統領のセント・ヘレナの柳を報じた記者の一人は、四半世紀前にはやっていたセント・ヘレナの柳の歌を突然思いだしたとし、その歌詞で記事を締めくくっている[53]。それは、ヘンリー・スティーヴンソン・ウォッシュバーンの詩にライマン・ヒースが曲をつけた「ボナパルトの墓」という歌であった。一八四〇年代に流行して広く歌われたのだろう。一八三五年出版の書籍にも詩が引用され[54]、その後多くの本に引用されている。この記事は、当時の流行歌すら、アメリカの一般市民がもつナポレオン・イメージ形成に大きな役割を担っていたことを物語っている。

おわりに

西欧文化における柳の文化史のなかで、ナポレオンが柳と出会ったことには大きな意味があった。ナポレオンの墓に柳がなかったら、これほど多くの人々をセント・ヘレナに引きつけられただろうか。墓のイメージが国を超えて多くの人々の話題になり、文章にされ、絵に描かれ、歌に歌われただろうか。柳はそのメランコリーな姿だけでなく、柳の強い生命力が挿木としてナポレオンの柳を世界に広めることに貢献した。柳は、大衆に想像の世界だけでなく、聖遺物のようにナポレオンを物理的に持ち帰ることを可能にしたのである。

絶海の孤島を考えるならば、この柳とナポレオンの出会いは奇妙な偶然に思えるかもしれないが、柳の文化史の文脈のなかではあるべくして起こった必然の出会いだった。セント・ヘレナはイギリス支配下でイギリスの植物が移入され、イギリスの風景が形成されていたからである。墓の柳も、芝もイギリスの風景そのものであった。自然風なイギリス風景庭園が〈ロマンチック〉な連想とともにヨーロッパ大陸に流行するなかで、優美な姿の柳もイギリス庭園（フランス語ではジャルダン・アングレ）によく植えられた。葬儀や死のシンボルと結びついた柳はフランスでもよく知られたものであり、柳のイコノグラフィーは、広く西欧世界のなかで共有されていた。そのような文脈のなかでナポレオンと柳が結びついたのはナポレオンにとってはある意味「幸運」だったと考える。

セント・ヘレナの柳はアメリカ中西部の片田舎にすら、「ナポレオン熱」を引き起こしていたことをみてきた。ジョンソン元大統領の「ナポレオンの柳」の逸話は、すでに忘れさられていた歌を再度思い出させ、過去の記憶をたぐり寄せる働きをした。四半世紀前に流行っていた歌が思い出されるほど、人々の思いに残っていることに気づかされるのだ。

独立から半世紀以上が過ぎたアメリカに実際にもたらされた「ナポレオンの柳」の方は、第一章「西洋人と柳の文化誌」で考察した独立時代の「ポープの柳」より最近の出来事なので、現在でもその子孫をたどることができる。記録もよく残り、その入手過程には「ポープの柳」ほどの神話性はなく淡々としたものだった。アメリカ人にとって「ナポレオンの柳」の意味は何だったのだろうか。ジョージ・ワシントンの邸宅から、西部のワシントン州にもたらされた「ナポレオンの柳」の話など、移動するアメリカ人の家系調査に対する情熱に匹敵する熱意で、木の系譜が語られているところに「ナポレオンの柳」の意味の一端を見いだした。植物は新たな場所に移植され、前にも増して元気に育ち、新たに再生しながら過去との連続性を保つ、それが「ナポレオンの柳」の意味であった。

註

(1) 本書の「ナポレオンの柳」にまつわる逸話とその影響などについての論考は、英語圏、とくにアメリカに関連して進めている。本国フランスの文化におけるナポレオンについてはあえて触れていないことを、ここでお断りしたい。

(2) Harold Livermore, Santa Helena, "A Forgotten Portuguese Discovery," in *Estudos em Homenagem a Luis Antonio de Oliveira Ramos*, 2004,

(Porto: Faculdade de Letras da Universidade de Porto), 626. ノーバの艦隊がインドに向かうときか、帰還するときににセント・ヘレナを見つけ聖ヘレナにちなんで命名したとされるが、現在ではこの事実に諸説があるようだ。セント・ヘレナ島では、一五〇二年五月二一日を「発見」と「命名」記念日としている（St Helena Tourism のサイト）。

（３）両角良彦『セント・ヘレナ落日』（朝日新聞社、1994）、72-3.

（４）Arnold Chaplin, *A St. Helena who's who; or, a directory of the island during the captivity of Napoleon* (London: Published by Author, 1914), 7. ［https://archive.org/stream/asthelenawhoswho00chapiala#page/6/mode/2up］

（５）Dr. B. E. O'Meara, *Memoirs of the Military and Political Life of Napoleon Bonaparte. From His Origin, to His Death of the Rock of St. Helena* (Hartford Conn., 1822), 367-8.

（６）大熊良一『セント・ヘレナのナポレオン』（近藤出版社、一九八九年）によると、訃報は七月四日ロンドンに、五日パリに、一六日ローマに伝わったとされる（322）。

（７）*The European Magazine, and London Review*, Vol. 80, London, July 1821, 99.

（８）通常の墓は六フィート（一・八メートル）なのでかなり深さがある。

（９）*The European Magazine, and London Review*, 114-9.

（10）*The Mirror of literature, amusement, and instruction* (London: printed for J. Limberd) Vol. 1,March 8, 1823, 290.

（11）*The Sydney Gazette and New South Wales Advertiser* (NSW : 1803 - 1842), 5 May, 1835, 4. ［http://trove.nla.gov.au/ndp/del/article/2198057?searchTerm=napoleon%20willow&searchLimits=sortby=dateAsc］

（12）François-René de Chateaubriand, *Memoirs from Beyond the Tomb* (London: Penguin, 2014)

（13）Royal Museum Greenwich のスケッチの説明より。［http://www.rmg.co.uk/researchers/collections/by-type/archive-and-library/item-of-the-month/previous/capt-marryats-sketch-of-napoleon-bonaparte-after-his-death］

（14）Wikigallery より。ロトンに関しては、*A St. Helena Who's Who or a Directory of the Island During the Captivity of Napoleon* by Arnold Chaplin, M.D., 33-35 に、セント・ヘレナに駐留していた八人の大尉のうちの一人と説明がある。

（15）"St. Helena en het graf van Napoleon," 183? の図版。HTI Trust のデジタル資料検索。［http://babel.hathitrust.org/cgi/pt?id=uc1.$b303697;view=1up;seq=9］

（16）R. D. Keynes ed., *Charles Darwin's Beagle Diary* (Cambridge: Cambridge University Press, 2001), 427. ［http://darwin-online.org.uk/content/frameset?pageseq=460&itemID=F1925&viewtype=side］

（17）両角、288.
（18）ワシントンの墓の冒涜に関しては、拙著の『アメリカ田園墓地の研究』、30を参照のこと。
（19）C. R. Darwin, *Narrative of the surveying voyages of His Majesty's Ships Adventure and Beagle between the years 1826 and 1836, describing their examination of the southern shores of South America, and the Beagle's circumnavigation of the globe. Journal and remarks. 1832-1836* (London: Henry Colburn, 1839), 579 ［http://darwin-online.org.uk/content/frameset?itemID=F10.3&viewtype=text&pageseq=1］
（20）Syms Covington, *The Journal of Syms Covington: Assistant to Charles Darwin Esq. on the Second Voyage of the HS Beagle, December 1831-September 1836,* Chapter 8, Australian Science Archives Project のウェブサイトより。［http://www.asap.unimelb.edu.au/bsparcs/covingto/chap_7.htm］
（21）*Sydney Gazette and New South Wales Advertiser* (NSW : 1803 - 1842), November 6, 1832, 3. ［http://trove.nla.gov.au/ndp/del/article/2209298?searchTerm=napoleon%20willow&searchLimits=sortby=dateAsc］
（22）Alexander Hugo Schulenburg, "Transient Observations: The Textualizing of St Helena through Five Hundred Years of Colonial Discourse," Ph. D dissertation, 1999, 113 に引用。
（23）チャールズ・ダーウィン、島地威雄訳『ビーグル号航海記下』（岩波書店、一九八四年）、175-176.
（24）H. Guthrie-Smith, *Tutira: The Story of a New Zealand Sheep Station* (Edinburgh and London, 1926) 272. ［http://nzetc.victoria.ac.nz/tm/scholarly/tei-GutTuti-t1-body-d27.html#n272］
（25）*The Sydney Morning Herald*, Dec 31, 1934, 7. ［https://news.google.com/newspapers?nid=1301&dat=19341231&id=pupUAAAAIBAJ&sjid=6JEDAAAAIBAJ&pg=3265,6607291&hl=ja］
（26）Merriam-Webster online dictionary の English grass の定義より。［http://www.merriam-webster.com/dictionary/english%20grass］
（27）*The Australian* (Sydney, NSW : 1824 - 1848), 15 July 1826, 4.
（28）ルイ・マルシャン、薮崎利美『ナポレオン最期の日』（ＭＫ出版社、二〇〇七年）、342-3.
（29）Francesco Antommarchi, *The last days of Napoleon. Memoirs of the last two years of Napoleon's exile, by F. Antommarchi. Forming a sequel to the journals of Dr. O'Meara and Count Las Cases,* Vol. II (London: H. Colburn), 1826, 185.
（30）両角、20.
（31）Antommarchi, 188.

(32) 両角、290.
(33) *The Australian*, op. cit.
(34) Peter Dillon, *Narrative and successful result of a voyage in the South Seas: performed by order of the government of British India, to ascertain the actual fate of La Pérouse's expedition, interspersed with accounts of the religion, manners, customs and cannibal practices of the South Sea islanders* (London: Hurst, Chance and Co.. 1829) Volume 2, 387.
(35) Guthrie-Smith, 273.
(36) *The Sydney Gazette*, op. cit.
(37) Charles Mackay, *Memoirs of Extraordinary Popular Delusions*, Vol. 1 (London: Richard Bentley, 1841), 172.
(38) "Willows from Napoleon's Grave," *New Zealand Herald*, Volume XLV, Issue 13645, 13 January 1908, 5.
(39) *The Sydney Morning Herald*, Dec 31, 1934, 7.
(40) *The Mercury* (Hobart, Tas. : 1860 - 1954), 25 July 1939, 10. [http://trove.nla.gov.au/ndp/del/article/25596626]
(41) *The Mercury*, 27 July 1939, 5. [http://trove.nla.gov.au/ndp/del/article/25472543]
(42) "Napoleon Willows," *Morning Call*, October 28, 1894.
(43) *Cape Cod Library of Local History and Genealogy: A Facsimile Edition of 108 Pamphlets Published in the Early 20th Century, Vol. 1*, 1807. [https://books.google.co.jp/books?id=OBbq13eCddYC&printsec=frontcover&hl=ja&source=gbs_ge_summary_r&cad=0#v=onepage&q=napoleon&f=false]
(44) Gary A. Zimmerman, "Napoleon and the Fisk," *Fisk Genealogical Foundation Newsletter*, December 2003, Vol. 11, No. 2.
(45) Adolphus Ferdinand Monroe, *The Life and Writing of Adolphus F. Monroe* (Cincinatti: Printed for the Publisher), 1857, 6.
(46) "First Coles County Clerk Murdered; Killer Lynched," *Mattoon Daily Journal Gazette*, September 1, 1955. [http://www.eiu.edu/localite/cclhpkillerlynched.php]
(47) Pendleton County Historical & Genealogical Society の Nancy Bray の協力により入手した手書きメモより。Barton Papers #44, CD#52 Monroe.
(48) モンローの父親とオーリックの両親はバージニア州の隣接する郡に住んでいたことが家系資料をたどると分かり、両家はバージニアの同郷者同士であったかもしれない。さらに、モンロー家は、アンセストリ・コムで祖先をたどると、第5代アメリカ大統領ジェームズ・モンロー (James Monroe) ともつながっていた。大統領の曾祖父でスコットランドから移民してきたアンドリュー・モンロー少佐 (Maj. Andrew Munro) を曾祖父とし、古代スコットランド高地モンロー族の長である第14代ファウルズ男爵ロバート・モンロー (Sir Robert Munro, XIV of Foulis) を祖先にもつ。

(49) William Cole Daugherty, "From the Sublime to the Ridiculous: The Image of Napoleon Bonaparte in the American Literary Renaissance," 2001, Ph.D. dissertation.

(50) *The Cairo Bulletin* (Cairo, Ill.), August 4, 1875, *Memphis Daily Appeal* (Memphis, Tenn.), August 8, 1875 など。

(51) Tennessee Urban Forestry Council の Andrew Johnson Willows, Greenville の説明より。[http://www.tufc.com/registries.html].

(52) "Johnson's Last Words. His Will—Value of the Estate—Relic Hunters—The Grave," *Nashville Union and American.*, August 11, 1875.

(53) "Napoleon's Willow," *The Opelousas Courier* (Opelousas, La.), November 20, 1875.

(54) C. Gaylord, *The Campaigns of Napoleon Buonaparte: Embracing the Events of His Unexampled Military Career, from the Siege of Toulon, to the Battle of Waterloo. Also, the Period from His Abdication of the Throne, to His Final Imprisonment and Death, on the Rock of St. Helena* (Boston: Charles Gaylord, 1835) の最後に引用されている。

第二部

墓地と〈ピクチャレスク〉——「絵のように美しい」アメリカの墓地

第三章　田園墓地と〈ピクチャレスク〉な景観の創造

アメリカの田園墓地の特性

日本では、墓地の中を歩き回って楽しいと思う人は少ないと思われるが、アメリカ人で墓地を散策するのが趣味という人は結構多い。丘や池や林もある豊かな自然に浸り、緑の芝生が広がる公園のような園内を歩き巡りながら、古い記念碑や彫刻を観賞することもできるからだ。

このような散策の楽しみを提供してくれる墓地は、一九世紀にアメリカに誕生した「田園墓地」と呼ばれる庭園型墓地である。田園墓地は、一八三〇年代に北東部の都市に始まり、短期間のうちに全米に広がった墓地の改革・美化運動から生まれた墓地である(1)。墓地は通常人々の生活圏内に設けられていたが、都市の人口増加に伴い、墓地が過密化し、外見の醜悪さだけでなく、疫病との関連が憂慮され新しい墓地を作ることが急務となった。そのとき、新たな墓地の候補地として選ばれたのが、都市の外れ、郊外であった。郊外に死者を移動させることは、アメリカの墓地の歴史のなかで初めての試みである。自然の豊かな郊外に移すことにより、墓地は陰気な場所から美しい自然風庭園として生まれ変わり、多くの人々が訪れる「観光名所」となったのである。たとえば、代表的な田園墓地であるフィラデルフィアのローレル・ヒル霊園（一八三六年設立）では一八四八年に三万人、ボストンのマウント・オーバーン霊園（一八三一年設立）とニューヨークのグリーン・ウッド霊園（一八三八年設立）ではその二倍の人々が訪れたとされる。さらに、一八六〇年代になると年間一四万人もの人々がローレル・ヒルを訪れている(2)。

このようにして人々に親しまれた田園墓地も、アメリカに都市公園や美術館など、墓地の「ライバル」が現れ、徐々に忘れ去られていくことになるのだが、再び脚光を浴びることになったのは一九七〇年代、建国二百年を迎えたアメリカで、自国の歴史を振り返るさまざまな企画のなかから、一九世紀のもっとも貴重な文化遺産のひとつとしての「田園墓地」が再発見されたからである。

都市の貴重な自然が残された田園墓地を維持し、その文化的価値を広く宣伝するための組織ができ、ガイド付ツアーなどが企画された。現在でもなお、さまざまに活動している田園墓地のいくつかを見てみよう。

グレースランド霊園（一八六〇年設立）

シカゴ中西部の代表的田園墓地。一九七五年からシカゴ建築財団による墓地のツアーが行われている。シカゴの歴史、建築、有名人に関心のある人はもちろんのこと「慌ただしい町のなかで心の落ちつく静かな場所」を求める人にも最適の場所である、と宣伝している。[3]

マウント・オーバーン霊園（一八三一年設立）

ボストンにある田園墓地第一号。一九八六年「マウント・オーバーン友の会」が組織され、ツアーに加え、植物や野鳥の観察などさまざまなイベントや講演、セミナーが定期的に企画されている。

グリーン・ウッド霊園（一八三八年設立）

ニューヨーク、ブルックリンにある。コロナ禍の二〇二〇年、『ニューヨーク・タイムズ』紙（一〇月二三日付）は、ここで行われたユニークな夜間音楽墓地ツアーを伝えている。[4]アメリカに」と題されたウォーキング・ツアーで、グリーン・ウッドに眠るジャーナリストで公民権活動家、ジェームズ・ウェルドン・ジョンソンの詩「誰もが声をあげて高らかに歌おう」（「黒人国歌」ともいわれる）に触発されて企画されたという。人種と歴史をモチーフとしたミュージック・パフォーマンスでは、ブナの木陰の、ろうそくの明かりの下で演奏する、黒いマスクをした美しいバイオリニストの写真が掲載され、墓地の〈ロマンチック〉な雰囲気を存分に伝えている。一八二年をへたニューヨークの田園墓地グリーン・ウッドは、今でも話題に事欠かない。

このようなユニークな特性の田園墓地は、いつ、どのような形で設立され、全米に普及したのだろうか。第三章では、〈ピクチャレスク〉（「絵のように美しい」という意味）を鍵として、田園墓地の特徴を読み解いていきたい。

第一号田園墓地「マウント・オーバーン」は民間主導

アメリカで最初の田園墓地はマウント・オーバーン霊園である。一八三一年、マサチューセッツ州ボストン郊外の自然に恵まれた七二エーカーの地につくられた同霊園は、教会や自治体に属することなく、有志による民間の墓地として設立された。田園墓地の誕生はアメリカの墓地の歴史のなかで画期的な出来事であった。田園墓地の特徴をまとめると次のようになる。

- 市民の有志による宗派を問わない民間の墓地（市営の墓地もあるが）
- 町の中から郊外に移動
- イギリス風景庭園（ランドスケープ・ガーデン）で景観をデザイン
- 家族を単位として区画を販売 ⇩ 家族のモニュメント・彫刻が墓地を飾る

植民地時代の墓地は、特に北東部のニューイングランド地方では町の中心に建てられた教会や集会所（礼拝所）に隣接していた。そこは生活圏内であり、日曜の午後や、平日の午前中と午後に行われる説教の合間に人々が集い語り合う場所でもあり、「神聖な場所」という意識はなかった。(5) そのせいだろう、都市化が進むと、まず墓地が、より商業価値の低い場所に簡単に移動させられた。

結果、墓地の手入れは疎かになり、荒廃し「陰気な場所」になっていった。

田園墓地運動の推進者たちはこのような状況に大きな不安を抱き、墓地の移動を阻止するためには、墓地＝土地を「永久に所有」することが不可欠なのだと考えたのである。土地の所有権が個人

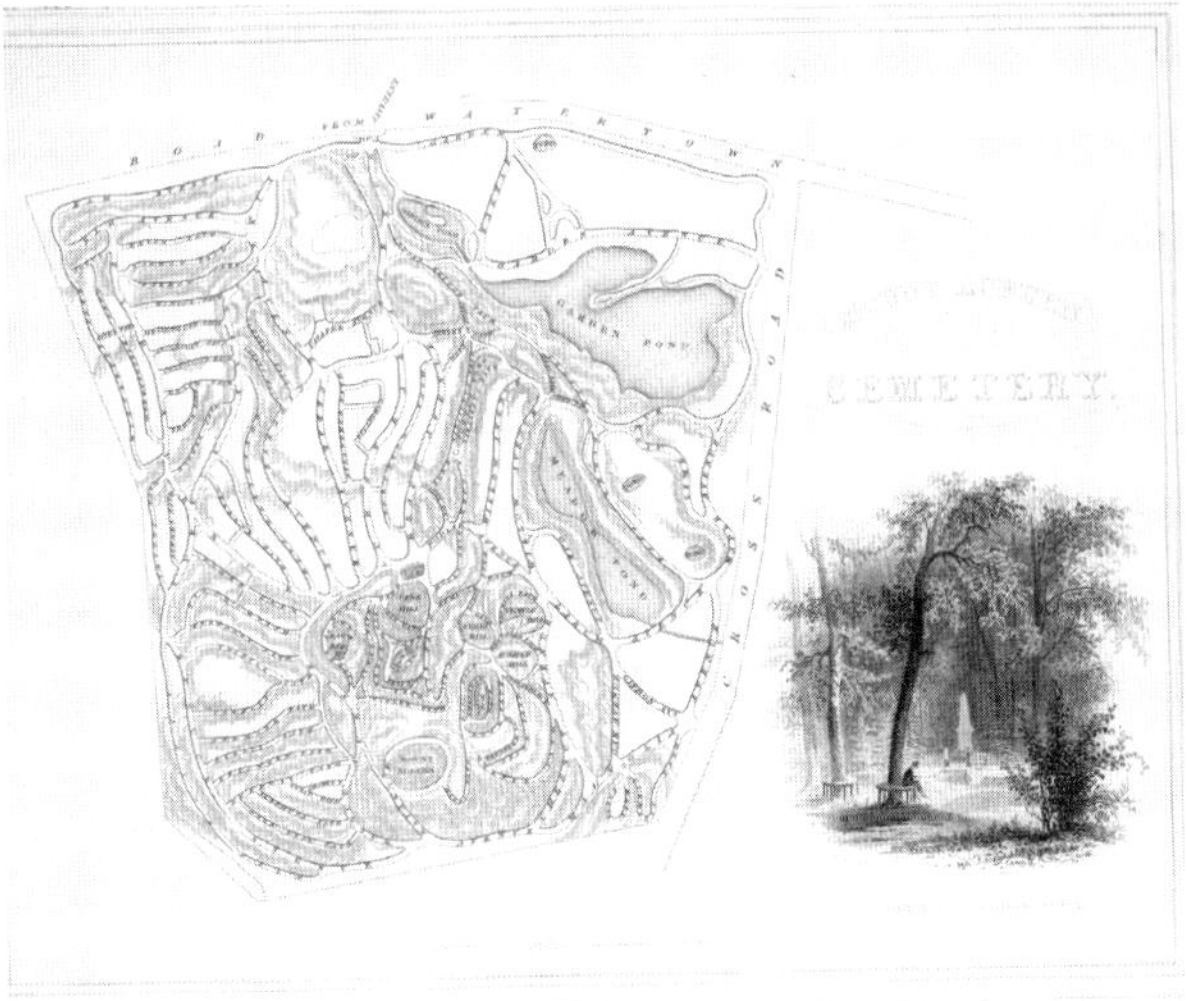

図 34　マウント・オーバーン霊園のガイドブックの地図　園路は蛇行し、池や丘がある　添えられた絵は木立のなかの墓のイメージを伝えている　1848 年頃のジェイムズ・スマイリーのガイドブックより（Library of Congress）

図 35　同霊園入口のエジプト様式の立派な門（Library of Congress）

を超えて代々引き継がれるためには、賛同する者が自ら集まり組合を結成することが最善の方法と考えた。自治体・教会から独立した結果、墓地区画所有者から成る組合組織（マウント・オーバーンの場合はコーポレーション）となり、組合が土地を選び、購入し、所有することになった。こうしてマウント・オーバーン第一号田園墓地は誕生したのである。田園墓地のなかには市営の墓地もあるが、大部分は組合による民間事業である。

墓地を「聖なる地」とするには、実利的な目的があった

植民地時代の墓地とは異なる、まったく新しいタイプの田園墓地が出現したとき、墓地は「世俗の場所」から「聖なる地」へと大きく変化していく。この場合の「聖なる地」とは特定の宗派の「聖地」という意味ではない。日常と区別して扱われる、特別の尊い価値を持つ「神聖な場所」という意味である。実際、田園墓地運動の推進者たちはキリスト教のプロテスタントに属する人々であったが、田園墓地自体は特定の宗派にかかわりなくすべての人々に開かれたものであった。マウント・オーバーンでは最初から埋葬者に宗派を問うことはなく、宗派に関する記録もない。

独立後のアメリカは特定の宗派とは関わりはなかったが、独立宣言をはじめ多くの公文書に神、創造主への言及がある。公共事業のすべてにおいて神の祝福を望んだように、[6] 神聖な目的をもった田園墓地を設立するにあたって田園墓地の推進者たちは宗派を越えた「神聖な承認」を願った。そ

のためにこそ、霊園としてその土地を選び、購入し、整備し、厳粛な奉献式を執り行なって「神聖な」場所であることを宣言したのである。

ただし、「神聖な承認を願った」のは、それだけでなく、「神聖な目的」があることを宣言する必要もあったことがうかがえる。

田園墓地の奉献式の演説では必ずといってよいほど、その場所が神聖な目的に捧げられ、法的に「聖なる地」となったことが宣言されている。たとえば、一八三八年マサチューセッツ州ウースター霊園（一八三八年設立）の奉献式で、ウースター在住の上院議員レヴィ・リンカンは次ように述べている。

……ひとりひとりの代表者の承認により、また法律の保護により、この土地は整備され、今日の厳粛な儀式により、永遠にその神聖な目的に捧げられます……(7)

教会や自治体から独立した民間の墓地は、商業地と区別する必要があり、そのためには神聖な目的をもった土地として「法的に認知」することが必要とされた。そうすることで、法律的に「聖なる地」として確立し、商業活動の対象外として税金その他の責任が免除されたのである。たとえば、マサチューセッツ州議会が発行したマウント・オーバーンの設立認許状では、次のよう規定している。

第12条　下記の通り法律で定めるものとする。上記の墓地は、墓地の目的に捧げられている限りにおいて、すべての税金から免除されなくてはならないことを宣言する。[8]

また、ニューヨークのオールバニー田園墓地（一八四〇年設立）でも、墓地が墓地の目的に奉仕する限りにおいて、すべての国税、地方税、査定から免除され、また、墓地区画所有者のいかなる借金の担保の対象にすることも禁じ、家族が代々墓地として引き継ぐことを定めている。これは、破産して財産を失っても墓地の資産だけは保障されるという画期的な定款であった。[9]このように、急速に変化するアメリカ社会のなかで、「田園墓地は永続性を代表し、農家がニューヨーク北部からネブラスカに移って行った時でさえ、先祖の（墓の）世話を保証したのである。[10]」田園墓地は、世俗の法的規定に支えられ、時間も空間も超越した「永遠の聖なる地」を実現することができたのである。

アメリカでは「庭園」より「田園」がふさわしい

アメリカの田園墓地は、このような法律に守られているという歴史的背景が大きな特徴であるが、もう一つの特記すべき大きな特徴は、当初より、樹木や花卉が植えられ墓地全体が〈ピクチャレスク〉な景観に設計されたことである。

この範となったのは、「イギリス式風景庭園」あるいは「自然庭園」と呼ばれる庭園様式であった。その意味では、イギリス風に庭園墓地と呼ぶ方が新しい墓地の特徴を言い表すにはふさわしいのかもしれないが、マウント・オーバーンが造られた時に田園墓地という言葉が用いられ、それ以来この言い方が定着した。アメリカで田園を表す rural という言葉が使われたのは、garden という言葉が表す以上の意味を創設者たちが考えていたからである。

マウント・オーバーン以降続々と現れた新しいタイプの墓地は、都市から離れた郊外に造られた。その理由は、前述したように、市街地の墓地の収容能力が限界に達したからであったが、それだけでなく、郊外の自然の美しい土地を求めたからである。その意図は、当時都市文化を支配しつつあった商業主義とは全く正反対の精神空間を造ることにあった。新興国アメリカを強力に押し進める都市文明の、いわば「解毒剤」となる田園の精神空間を造ることを目指し、それに最適な手段を与えたのがイギリス式風景庭園であった(11)。

田園墓地の景観に求めるものは、都市の効率的な碁盤目の直線道路とは対照的な「蛇行する道」であり、殺伐とした都市に対する美しい自然に囲まれた「田園風の風景」、都市の喧騒に対する「静寂さ」であった。

都市の外れは、二つの対象的な空間を仕切る役割を担ったと考えられる。都会に住む人々が都市の外れまでやってきて現実的世界から、聖なる世界にスムーズに入っていく仕切りの機能を果たしていたのである。ボストンのジャーナリスト、ジョセフ・T・バッキンガムは一八三八年九月二八日の『ボストン・クーリエ』のなかで、マウント・オーバーンの門をくぐろうとする者に次のように呼びかけた。「汝の靴を脱ぎ捨てよ。ここは聖なる地であるから」(12)。

マウント・オーバーンの主創設者ジェイコブ・ビゲローが設計したそのエジプト様式の門には「ちりはもとのように土にかえり、霊はこれを授けた神にかえる」と聖書の言葉が記されている。アメリカのランドスケープ・デザインの父と言われるアンドリュー・ジャクソン・ダウニングは、マウント・オーバーンを「ニューイングランドのアテネ」と呼び、死者の聖地に「旅行者が巡礼に訪れる」地であると述べている(13)。

川は「聖なる地」の舞台づくりに絶好だった

このような日常を超越した「聖なる地」のイメージ作りに大いに貢献したのが、地形的な特徴、とくに川と丘であった。田園墓地の第一号であるボストンのマウント・オーバーンとそれに続くフィラデルフィアのローレル・ヒルは、それぞれチャールズ川とスクールキル川を臨む地に造られた。

ボストンの郊外、ケンブリッジとウォータータウンの地に墓地を造ることを可能にしたのは、一七九四年にチャールズ川にかけられたウェスト・ボストン・ブリッジ（現在のロングフェロー・

ブリッジ）である。それまでのボストンからハーバード大学（その先にマウント・オーバーン）まで八マイルの道のりが二マイル半に縮小され、そのお陰で葬儀の葬列がボストンから墓地までの移動が容易になった[14]。しかし、チャールズ川を越えて墓地に向かうことは、死体が川を渡ることを禁じた古いタブーを犯すことでもあり、ボストンの人々が果たしてマウント・オーバーンの墓地区画を購入してくれるか懸念された。ところが、合理的精神の持ち主であるハーバード大学医学部教授で植物学者のビゲローや法律家・技術者・園芸家のヘンリー・A・S・ディアボーンなど創設者たちはこの人里離れた地の、起伏のある変化に富んだ地形を一目で気に入ってしまったのである。

チャールズ川は〈ピクチャレスク〉であるだけでなく、騒がしい街と隔てられた理想的な空間を造るのになくてはならない要素となった。マウント・オーバーンの奉献式の演説を行った連邦最高裁判事のジョセフ・ストーリーは、チャールズ川に言及して次のように述べている。

眼下には、あたかも永久の大海に急いで流れていく時間の流れのように蛇行するチャールズ川がさざ波をたてながら流れています[15]。

また、ウースター田園墓地のレビィ・リンカンは次のように述べている。

すべての人々がやがては必ず永遠の存在に向かうように、大河は必ず大洋に流れ込みます[16]。

「永久の大海に急いで流れていく時間の流れ」に例えられた川は、風景画や詩にしばしばみられ当時の人々に広く理解され、言及されたものである。同時代の風景画家トマス・コールもアレゴリカルな絵《人生の航路》のなかで人生を川に例え、赤子を乗せて出発した小舟が人生の荒波を越えて遂には天使が迎える永久の海へと流れていく過程を描いている。

フィラデルフィアのローレル・ヒルの場合は、設立者ジョン・ジェイ・スミスが、特に川を利用し川岸から小高い山となっている自然の地形を最大限生かした風景庭園を造っている。(17) ローレル・ヒル霊園の西側には「高くそそり立つ岩石からなる対岸を水面に映し出した美しいスクールキル川」が流れ、多様性に富んだ自然が「景色をよりメランコリーで美しいものにしていた」のである。(18)

川の船旅は「巡礼者」の魂の旅に変えられた

スクールキル川は景観だけでなく交通手段としても「聖なる地」の舞台づくりに貢献した。人々をフィラデルフィアからローレル・ヒルまでフェリーで運んできたからである。『フィラデルフィア近在ローレル・ヒル霊園案内』など当時のガイドブックはさかんに、墓地を訪れる者たちを「巡礼者」と呼び、船の旅を「人生の旅」の象徴的体験として描写している。フィラデルフィアから一時間半から二時間もかかる船旅も、「聖地」への「巡礼」につきものの困難を伴う魂の旅を体験す

図36　スクールキル川を船でローレル・ヒルまでやってきた人々　19世紀のローレル・ヒル霊園のガイドブックより

る意義ある時間に転嫁されているのである[19]。

川を使って「聖なる地」に詣でるもう一つの墓地は、一八三八年に合資会社として開設されたニューヨーク州最初の田園墓地、ブルックリン市（当時は、ニューヨーク市に併合されていない）のグリーン・ウッド霊園である。ボストンのマウント・オーバーン、フィラデルフィアのローレル・ヒルに続いて造られたもっとも美しい三大田園墓地の一つである。

当初は利益追求型の民間墓地を目指していたが、人々が商業目的の墓地を受け入れる心の準備がまだできていないことが判明し、会社から非営利組織へと変更されている。マンハッタンから対岸のこの霊園に行くためには、フェリーを使わなくてはならなかったが、創設者のヘンリー・ピアポントはユニオン・フェリー会社を経営するブルックリンのビジネスマンであった。霊園からはニューヨーク港が臨まれた。眺望は多くの田園墓地に共通した特徴であったが、海を遥かに臨むグリーン・ウッドの眺めはこの墓地の強力な見所となり、観光名所として多くの人々を引きつけたのである。

図 37　ローレル・ヒル霊園の航空写真　霊園の端を流れるスクールキル川と、イギリス風景庭園に特徴的な蛇行する園路が広大な霊園のなかにレイアウトされている様子がよく分かる

起伏に富んだ「田園」がもたらすパノラマの効果

川だけでなく丘も田園墓地の重要な地形上の特徴であった。

マウント・オーバーン霊園のある土地は、近在のハーバード大学の学生たちから、スイート・

図 40　ゴシックの門が造られる以前のグリーン・ウッド開園直後の入り口の絵　柳の木が描かれ田園墓地の当初の特徴であるメランコリーな雰囲気が伝わってくる 1847 年頃制作されたミュージックシートの表紙（Library of Congress）

図 38　ブルックリンのグリーン・ウッド霊園の立派なゴシックの門　19 世紀後半のステレオビューより（Library of Congress）

図 41　家族の区画　美しい鉄柵で囲まれ、後ろに柳も見える　1865 年頃のステレオビュー（Library of Congress）

図 39　門の拡大写真　1903 年のステレオ・ビューより（Library of Congress）

図42　グリーン・ウッドからの眺め　遠くにイーストリバーを望む　1860年頃のステレオビュー（Library of Congress）

オーバーンと呼ばれていたが、これはイギリスの文人オリバー・ゴールドスミスの詩「見捨てられた村」（一七七〇年）にでてくるスイート・オーバーンにちなんだ愛称であった。この愛称に丘を意味するマウントがつけ加えられて最初の田園墓地の名前となった。それまで、墓地の名前は地名を冠したものがほとんどであったなかで、マウント・オーバーンは新鮮な響きがあり、その後の田園墓地の命名に大きな影響を与え、山や丘のついた田園墓地が数多く生まれた。たとえば、フィラデルフィアのローレル・ヒル、ワシントン特別区のオーク・ヒル、シカゴのローズ・ヒルなどがあげられる。このような名前から、山や丘などの高所からの眺望が田園墓地の重要な特徴であったことがうかがえる。

マウント・オーバーンの丘の上からはボストンの街やハーバード大学が見え、さらに目を遠くに転じると、耕作された畑や農家や村の教会、キラキラ輝く湖、深い谷、遠くの山々が眼下に広がっていた。ストーリー判事は奉献式のスピーチで次のように述べている。

ほんの二、三歩歩くだけで、景色ががらりと変わり、我々を驚かせ、喜ばせるのです。あたかも、死の境界から明るく穏やかな生の領域へと一足飛びにやってきたようです。……われわれはいわば二つの世界の境界の上に立っているのです。[20]

このパノラマの展望のなかには生と死、自然と人工の多様な風景が含まれていた。マウント・

オーバーンは、都会の人間が一時的に世間を逃れるためにやってくる「避難所」である。人々はここで何らかの教訓を得てまた俗世間へと戻っていく。したがって丘からの眺めには俗世間を超絶した崇高な自然だけでなく、身近な大学や、畑や街も含まれ、パノラマの視点からこれら自然と人工の対照を眺めることによってより高い次元から深い知恵の教訓が得られるのである。それは、当時新たな娯楽となったパノラマ館のパノラマの絵と共通している。一九世紀アメリカの知的エリートに多大な影響与えたドイツ人博物学者、アレクサンダー・フォン・フンボルトは『コスモス』のなかで当時流行していたパノラマの絵について次のように述べている。

パノラマは、装飾的風景よりも効果的である。見るものは、あたかも魔法の円のなかにすっぽりと入り込み、現実世界の雑念から完全に遮断されるので、それだけに実際に外国の風景に囲まれているかのように空想しやすくなるからである。(21)

マウント・オーバーンの丘の頂からのパノラマの眺めも、「現実世界の雑念から遮断され」、絶えず流動する人生のただなかに時間を超えた静止の一瞬を作り出し、人生の意味、若き共和国について思いを巡らす瞑想へと誘ったのである。

散策《プロムナード》は精神のリ・クリエーション＝再生

田園墓地は初めから、遺族や墓参に訪れる人のためにだけでなく一般の人々を対象に設計された。マウント・オーバーン創設者の一人で、マサチューセッツ園芸協会の初代会長を務めたヘンリー・A・S・ディアボーンは、一八三〇年マサチューセッツ園芸協会の報告書のなかで、「墓地全体が、わが国でもっとも教育的な、壮大で楽しい散策《プロムナード》の場」となり、「初春から晩秋にかけて広い層の人々を魅了し、健康的で心身をリフレッシュし、人々の趣味にあった行楽地となるだろう」と述べている[22]。

このような意図を反映してか、マウント・オーバーンの奉献式は、行楽にもっとも適した秋に行われた。秋はきたるべき冬（死）を連想させ、また思索や瞑想にもっとも適した季節であった。ニューイングランドの美しい秋の日は、「この世のものとは思えないような雰囲気」を風景に与えていたからである[23]。秋は戸外に出て自然を楽しむよい季節でもある。二千人もの人々を招いて、自然のなかで式典を行うのにもっとも理想的な秋の九月二四日をマウント・オーバーンが奉献式に選んで以来、田園墓地の奉献式は秋に行われるのが慣例となった。例をあげるなら、マサチューセッツ州のウースター田園墓地は、九月八日、同州ピッツフィールド田園墓地は、九月九日、同州ケンブリッジ霊園は、十一月一日、ニューヨーク州のオールバニー田園墓地は一〇月八日、と、それぞれ奉献式を行っている。マウント・オーバーン設立の二年前に結成され、マウント・オーバーンの創立者たちの多くがメンバーであったマサチューセッツ園芸協会の正式の発会日も九月の第三土曜とされ、このような会の式典は、イギリス君主の公式の誕生日がそうであるように、人々が戸外で楽しむことができる季節にわざわざ設定されたのであった[24]。

ディアボーンが述べた「散策の場」も田園墓地の特徴をよく表している。田園墓地を訪れる人には男性、女性の偏りもなく、子供たちも含まれる。隷廃止論者で社会改革者のリディア・マリア・チャイルドは、世の母親に向けて、一八三〇年に出版された書のなかで、子供たちを安息日（日曜日）に散歩に連れ出すことをすすめている。「神の創造物」たる自然に注意を向けさせ、そこから宗教的な教訓を学ばせるためである。そして、墓については「死を楽しく連想できるものとすることが極めて重要に思われるので、墓は美しい灌木や木々の間を縫って歩いて行けるような公共の散策の場所（傍点筆者）に造られるべきである」と述べている[25]。

散策・遊歩を意味するこの「プロムナード」は、単に景色を楽しむために歩き回ることではない。精神的・肉体的な再生―リ・クリエーションのための散策であった。マウント・オーバーンの開設後まもなく、『ニューイングランド・マガジン』誌に「マウント・オーバーン」と題する随想が掲載された。そこには、マウント・オーバーンに「散歩」に出かけた若者が墓地を歩きまわりながら「長い間瞑想し……自然と交感し」「ほとんど悲しみに近い思い」、「メランコリーな気分と強く結びついた物思い」[26]を体験したことが書かれていた。この「瞑想」と「メランコリー」は田園墓地に関する、他のさまざまな記事のなかで繰り返し言及されており、「聖なる地」となった新たな墓地で体験される主要な宗教的感情と説明できるだろう。両者ともピューリタンには馴染みのある感情である。

墓地は「瞑想する」場

植民初期ピューリタンは、カトリック的な名残を極力排除するためになるべく葬儀に関わりあうことを避けた。したがって牧師が葬儀に立ち会うこともなく儀式もない、極めて簡素な埋葬が執り行われた。列席者には宗教的な儀式の代わりに瞑想することやその場にふさわしい会合を開くことが奨励され、そのような行為を通じて宗教的感情を発露させることが勧められたのである。[27]死者を思う瞑想は、人間の死すべき運命を受け止め、死の恐ろしさ、罪深さを思い起こし神の恩寵にあずかる必要性を認識することであった。

マウント・オーバーンの奉献式の演説でジョセフ・ストーリー判事は、沈黙して瞑想すれば、どのような説得力ある言葉にも増して真理を感じることができると述べているが、[28]彼の言う真理とはもはやこのような古い神学的な真理ではなかった。それは、田園墓地の美しい自然の移り変わりのなかで、人もやがては死ぬ季節を迎え、人生の享楽は一時的なものであることを悟るが、冬が終わればまた芽が吹き返すように死の後には永遠の命が待ち受けていることを学ぶのであった。美しい自然のなか都会生活で過度に煽られた野心を鎮めたり、墓地を吹く風にさえ、人生は辛いこともあれば、良い日も必ずあることを教訓として学んだりと、[29]瞑想は宗教的な意味よりも処世訓的な意味へと変化しているのである。

アメリカで〈メランコリー〉は希望に満ちた再生となる

メランコリーも田園墓地の景観から触発されるもう一つの重要な感情である。前述した『ニューイングランド・マガジン』誌の随想では、メランコリーとは「自然が、沈黙した孤独のなかで表現しようとしている、かすかな気高い宗教的感情と調和した」思いだ、と述べていて、メランコリーも宗教的な意味を帯びた心の状態である。メランコリーあるいはメランコリアはもともと精神や気質に関わる病、慢性的な鬱状態を表す用語であったが、一七世紀の半ばごろに、宗教的意味が新たに加わったとされる。イギリスの非国教派であるピューリタンが哀悼歌《エレジー》のなかで、メランコリーを「人生に思いを巡らすような、魂に良い影響を与える状態」として捉えるようになったのである。[30]カルビニストたちはメランコリーな気持ちに浸る瞑想を通じて個人的な恩寵を感じ取り、自分が神の救いを受けたことを確信するに至る。[31]カルビニストにとってメランコリーは喜びの源とさえなったのである。

『ニューイングランド・マガジン』誌の随想は「大変不思議なことに、人の心の琴線は大変精巧に作られているのか、この物思いに浸るメランコリーさえ喜びの源である」と続けているが、このメランコリーの喜びには、かすかな宗教的感情を帯びているとは言え、かつてのカルビニストの自己内省的な歓喜とは無縁であった。では、この喜びの源は何なのだろうか。

その答えは、一八三〇年代にアメリカを訪れたイギリス人ハリエット・マーチノーのマウント・オーバーンの印象が明確に語っている。彼女はアメリカの田園墓地のメランコリーな景観がヨーロッパのものとは全く異なる雰囲気をもっていることを感じとった。彼女はマウント・オーバーンと、欧米で最初の庭園墓地で、マウント・オーバーンも範としたフランスのペール・ラシェーズ墓地とを比べ次のように述べている。

ペール・ラシェーズでは、弔いのあらゆる表現をあちこちに見いだすことができる。希望はほとんど、あるいは全くない……その場所を照らす未来の輝く光もない。それに比べ、マウント・オーバーンでは未来の輝く光以外何もない。死を知らない異星人がこの地を訪れたなら、創造の聖地と思うだろう。一歩一歩が生命の約束に満ちている。(32)

アメリカの「聖なる地」は、新生国家にふさわしい希望に満ち満ちた再生の場であったのである。マーチノーは、アメリカ人が初めて洗練された趣味を追求した対象が墓地であったことは誠にピューリタンの伝統を引くアメリカらしいことであると述べているが、瞑想もメランコリーもカルビニズムの古い神学的な意味をもはや失い、憂鬱と言うより楽観的、宗教的と言うより道徳的ニュアンスへと変化していったのである。すると、死に思いを馳せるべき墓地から死が隠蔽化されていくという皮肉が生じ、死をタブー視するような二〇世紀の死生観、墓の意味が欠落したメモリアル・パークを生み出す芽が既に初期田園墓地の〈ピクチャレスク〉な聖なる空間のなかに潜んでいたと言えるのである。

これに対しイギリスでは、大造園家ジョン・クローディアス・ラウドンによって、〈ピクチャレスク〉な景観は墓地の厳粛さを失わせるので不適切であるという議論があがっていた。彼は、「園路は直線であるべきであり、若し曲線にしなければならないときは極力少なくすべきである。何故なら輪郭線の遊びや景色の変化が多くある処には、厳粛性も壮大さもないからである[33]」と主張した。

アメリカでも田園墓地の自然の美しさに懸念を表明する者もいた。ニーアマイア・アダムズは、「(マウント・オーバーンでは)人が死や墓にもっている不快な連想を取り除いてしまうが、それは、永遠の命の希望を約束する宗教だけが完全に取り除けるはずの恐怖の多くを和らげてしまう傾向にある[34]」と不安を表明した。彼は、自然は聖書にとって代わることはできないとし、このような傾向に警告を発した。

アメリカの田園墓地はその「聖なる地」のなかにこのような生と死、聖と俗の矛盾をはらみながら発展していくのであるが、その矛盾は時として視点を逆転させてしまうこともあった。

美しい墓地は、生者にとって理想的な平和な「楽園」の様相を帯び、皮肉にもスウェーデンからの訪問者に「死を願う気持ちにさえさせられる」と言わせたが、その一方で、人々が実際に住む都市の方は次から次へと石の建造物が林立し、まるで大きな墓石群のようになってしまうのである。一八五四年マサチューセッツ州のケンブリッジ霊園の奉献式の演説で、ジョン・A・アルブロは「……御影石と大理石（筆者注 両方とも典型的な墓石）からできた生者の都市が何もないゴミの山となる一方、……[35]」という表現をしている。ここまでくると、生者の都市と死者の都の完全な逆転現象が起こっている。

アメリカの「聖なる地」創造には最初から世俗化の芽があった

こうして田園墓地は、美しい自然のなかに死者の居場所を確保すると同時に、生者には死者を思い、瞑想に浸るための魅力的な場を提供することに成功した。教会とは関わりのない新たな「聖なる地」が誕生し、自然が教会にとって変わり、「原始の森は神の社」となり、「塚は祭壇」となった[36]。

しかし宗教にとって代わったものが自然であったために、皮肉な結果が生じた。人々はこのような宗教体験よりも、メランコリーな瞑想を引き起こすべく設計されたイギリス風景庭園や魅力的な景色そのものを鑑賞する散策に関心を持ち始めたからである。アメリカで初めて造園家として国際的名声を得たアンドリュー・ジャクソン・ダウニングは一八四九年七月号の『園芸家』誌に掲載された「公共墓地と公園」と題するエッセイのなかで、田園墓地の成功を次のように鋭く分析している。

これらの墓地がコミュニティの多くの人々を引きつけているのは、それが埋葬地であるからでもなく、亡くなった友を思う厳粛な場所であるからでもなく、記念碑の彫刻があるからでもない。それら全てが影響している事は事実ではあるが、そういう事はみな、柳が直線的に植えられた埋葬地や常緑樹の陰気な小路であっても変わりないだろう。この魅力の秘密は実は、それらの場所の自然の美しさと、人の手によって趣味よく調和するように飾られたことにある……街の住人にとってここを訪れることには自然と人工が融合した魅力があり、田園と道徳が二重に豊かに連想されることがあったのである。(37)

田園墓地によるアメリカの「聖なる地」創造という斬新な試みには、最初から世俗化の芽が内包されていたのである。

一八五五年に思想家・哲学者のラルフ・ウォルドー・エマソンは、コンコードのスリーピー・ホロー霊園の奉献式で演説を行い、「時代の趣味に合うように」墓地を二つに分け、一方を死者のために、もう一方を「世俗的な目的」のために使い、「現代にもっともふさわしい森林公園」にすることを宣言している。(38) マウント・オーバーン開設から四半世紀を経て、田園墓地が内包していた

〈聖〉と〈俗〉は、はっきりと分離されたのである。一九世紀後半になると、かつて人々を引きつけた田園墓地の神聖な目的は失われ、世俗的な目的は都市公園に引き継がれることになる。

アメリカの田園墓地運動は、新たな時代の傾向・欲求をキリスト教の思想の枠組みのなかで実現しつつ、世俗的な要素を巧みに取り入れ、宗派・性別・年齢を超えてすべてのアメリカ人を引きつけたアメリカの「聖なる地」創造の試みであったといえよう。

註

(1) アンドリュー・ジャクソン・ダウニングが、田園墓地第一号開設の一八年後(一八四九年)には「全国の名のある都市で田園墓地をもたないものはほとんどない」と書いている程全国に広がった。A. J. Downing, *Rural Essays* (New York: Leavitt & Allen, 1856), 154

(2) 一八四八年の数字は、A. J. Downing が "Public Cemeteries and Public Gardens," *Rural Essays*. 157 のなかであげている。一八六〇年の数字は、ローレル・ヒル創設者ジョン・ジェイ・スミスが推定したもの。John J. Smith, "Cemeteries," *New Englander* 85 (1863), 606. Colleen McDannell, *Material Christianity: Religion and Popular Culture in America* (New Haven: Yale University Press, 1995), 113 に引用。

(3) Barbara Lanctot, *A Walk Through Graceland Cemetery* (Chicago: Chicago Architecture Foundation, 1988) の序文。

(4) Zachary Woolfe, "Review: In a Cemetery, Music Lives," "*The New York Times*, October 23, 2020

(5) ディビッド・チャールズ・スローンによると「教会付設の墓地も私設墓地も19世紀の墓地のように神聖で閉ざされた場所ではなかった。少なくともインディアンとの衝突から安全になった後ではそのような場所を塀で囲むことは稀であった(筆者注　かつては村から死者が出たことをインディアンに知られないように墓地を塀で囲っていた)。むしろ、市や祭り、会合、散歩、おしゃべりの場所として使われた。」David Charles Sloane, *The Last Great Necessity: Cemeteries in American History* (Baltimore: The Johns Hopkins University Press, 1991), 20.

（6）Barbara Rotundo, "Mount Auburn: Fortunate Coincidences and an Ideal Solution," *Journal of Garden History* 4 (July-September 1984), 259-260.

（7）Levi Lincoln, *An Address Delivered on the Consecration of the Worcester Rural Cemetery,* September 8, 1838 (Boston: Dutton and Wentworth, Printers, 1838), 24.

（8）*The Picturesque Pocket Companion, and Visitor's Guide , through Mount Auburn* (Boston: Otis. Broaders and Company. 1839), 32.

（9）Rotundo, 259. 借金の担保とすることを禁じた条項は、オールバニー田園墓地の認許状第6条、*Albany Rural Cemetery Association: Its Rules, Regulations, &c.* (Albany: C. Van Benthuysen and Co., 1846), 50を参照

（10）David Schuyler, "The Evolution of the Anglo-American Rural Cemetery: Landscape Architecture as Social and Cultural History," *Journal of Garden History* 4 (July-September 194), 303.

（11）初期の田園墓地は素人の園芸家・庭園設計家が設計したものであり、風景庭園の技術を習得した造園家が設計した最初の霊園は一八四四年設立のニューヨーク州オールバニー田園墓地である。Sloane, 62.

（12）Joseph T. Buckingham, "*Mount Auburn,*" *Mount Auburn Memorial* 2:1 (July 4, 1860), 3.

（13）Downing, 154.

（14）Branche Linden-Ward, *Silent City on a Hill: Landscapes of Memory and Boston's Mount Auburn Cemetery* (Columbus, Ohio: Ohio State University Press , 1989), 180.

（15）Joseph Story, *An Address Delivered on the Dedication of the Cemetery at Mount Auburn,* September 24, 1831 (Boston: Joseph T. & Edwin Buckingham, 1831), 17.

（16）Lincoln, 6.

（17）McDannell, 115.

（18）H. S. Tanner, *A New Picture of Philadelphia, or the Stranger's Guide to the City and Adjoining Districts* (New York: Map and Geographical Establishment, 1868), 100.

（19）McDannell, 110-111.

（20）Story, 17-18 .

（21）Barbara Novak, *Nature and Culture: American Landscape and Painting 1825-1875* (New York: Oxford University Press,1995),71に引用。

(22) Henry A.S. Dearborn, "General Dearborn's Report to the Massachusetts Horticultural Society on the Establishment of an Experimental Garden and Rural Cemetery," *The Picturesque Pocket Companion, and Visitor's Guide, through Mount Auburn*, 48 に引用。

(23) Buckingham, 3.

(24) Rotundo, 256.

(25) Lydia Maria Child, *The Mother's Book* (Boston: Carter and Hendee, 1831 ; rpt. Bedford, Mass .: Applewood Books , 1992), 71, 81.

(26) "Mount Auburn," *New England Magazine* (Sept. 1831), 236.

(27) Dickran and Ann Tashjian, *Memorials for Children of Change: The Art of Early New England Stonecarving* (Middletown, Conn.: Wesleyan University Press, 1974), 22.

(28) Story, 13.

(29) Wilson Flagg, *Mount Auburn: Its Scenes, Its Beauties, and Its Lessons* (Boston and Cambridge: James Munroe and Company, 1861), 9.

(30) John W. Draper, *The Funeral Elegy and the Rise of English Romanticism* (New York: The New York University Press, 1929), 1.

(31) Ibid., 36. リンデン＝ウォードはこの点に関して次のような説明をつけ加えている。「カルビニストは単なる信仰や啓示よりも理論を強調したが、結局のところ個人が徳の道をたどるべく運命づけられているような望ましい精神状態を得る手段として感情を認めるようになった。」

(32) French Stanley, "The Cemetery as Cultural Institutions: The Establishment of Mount Auburn and the 'Rural Cemetery' Movement," *Death in America*, ed. David E. Stannard (Philadelphia: University of Pensylvania Press. 1975), 86-87 に引用。

(33) 斉藤昌訳著『西洋墓地史（1）』（日本公園緑地協会、一九八八年）, 60に引用。

(34) Rev. Nehemiah Adams, "Mount Auburn," *American Quarterly Observer*, III (1834), 160.

(35) John A. Albro, *An Address Delivered at the Consecration of the Cambridge Cemetery, November 1, 1854* (Cambridge, Mass.: Metcalf and Company, 1854), 11.

(36) 同時代の詩人、ウィリアム・カレン・ブライアントの有名な「森は神の最初の社であった」という「森の賛歌」の詩の最初の一行は、田園墓地の演説のなかで度々引用された。また法律家・政治家のレビィ・リンカンは「宗教はここの森ひとつひとつのなかに社を見出し、祈るものは塚のひとつひとつに祭壇を見出すだろう」と述べている。

(37) Downing, 155.

(38) Ralph Waldo Emerson, "Address to the Inhabitants of Concord at the Consecration of Sleepy Hollow, September 29, 1855," in *The Complete Works of Ralph Waldo Emerson*, 11 (Boston and New York: Houghton, Mifflin and Company, 1903-1904), 433.

第四章　田園墓地の「進化」の先に見えてきたもの

〈ピクチャレスク〉な景観は「西進」とともに変化していく

墓地の流行とはおかしな表現だが、一九世紀前半のアメリカ東部で生まれた田園墓地は、その美しさが評判を呼び「墓地ブーム」と言えるほど瞬く間に全米に広がった。二〇年足らずで、北はメイン州から南はジョージア州まで、東はマサチューセッツ州から西はミシシッピ川を越えてミズーリ州まで田園墓地が造られていった(1)。

西部への普及では、オハイオ州シンシナティに一八四五年スプリング・グローブ霊園が、イリノイ州シカゴには、一八六〇年にグレースランド霊園が設立されている。両霊園とも中西部の代表的な田園墓地である。グレースランドには、建築界の巨匠ルイス・サリバンがデザインした美しい霊廟があり、今でもシカゴの観光名所となっている。一八六五年には、カリフォルニア州オークランドにマウンテン・ビュー霊園が設立された。セントラル・パークの設計で有名なフレデリック・ロー・オルムステッドが設計した珍しい墓園である。オルムステッドが、緑豊かな東部とは異なる乾燥したカリフォルニアの気候・風土にどのような墓園風景を提案したのか興味深いケースとなっている。

田園墓地は、一九世紀前半から後半にかけて急速に西部に進出していくが、その過程で、墓園の〈ピクチャレスク〉な景観に興味深い変化が生じている。まずは、次の図43、図44を見て欲しい。

この絵はいったい何を描いた絵かわかるだろうか。よく見ると、中央には池のような水辺が描かれ、そこに、左に女性二人が、右には向かい合って会話をする男女が描かれている。その周りに子供たちがいるので、家族連れだろうか。池には、壺を持つ女性の像が建ち、壺から水が流れ出ている。また白鳥が優雅に泳いでいるのが分かる。遠景に汽車が走っているが、汽車とともに馬車も走っている。左右には爽やかな木立が描かれていて、どこかの公園か、庭園で休日を楽しんでいる人々を描いた絵ではないかと想像されるだろう。しかし、実はこの絵は墓地のガイドブックからとったものである。時代は一九世紀後半、場所は中西部オハイオ州のシンシナティのスプリング・グローブ霊園である。

墓地だと分かるものは何もないように見えるが、一つ指摘できるものがある。右に描かれている柳の木である。柳は死と再生のシンボルとして〈墓石〉や追悼画によく描かれ、当時より、「墓地のランドマーク」ともいえるものだった。しかし、墓地の案内なのに、墓地が描かれていない。こ

図 43　オハイオ州シンシナティのスプリング・グローブ霊園の池の景観（画像 *The Cincinnati Cemetery of Spring Grove: Reports, Forms, Etc.*, 1862 より）

図 44　一部を拡大したもの

の絵は、一体どのようなメッセージを発しているのだろうか。

まず、白鳥だが、これは当時のアメリカでは珍しいエキゾティックな鳥で、白鳥がいることによって、そこが〈ロマンチック〉で、〈高級な〉場所であることを伝えている。ここに集う人々は、都会から鉄道に乗って気軽にやってきてこの美しい庭園で楽しいひと時を過ごしている裕福な人々、そのような人々にふさわしい墓園である、というのが宣伝のコンセプトとなっていることがうかがえる。

次に、二つの図45と図46をみて欲しい。

二つの銅版画には墓らしいものが描かれているので、墓地であることはわかるだろう。図45は、これも墓地のガイドブックからとったものだが、図46は、当時人気の女性向け雑誌に紹介された墓地の絵である。図43も含め、三点の絵からは、墓地景観が変化していく様子がみてとれるのだが、詳しく見てみよう。

どの景観からどの景観に変化したのか、古いもの、中間のもの、新しいものと順番をつけられるだろうか。まず、一つの絵には〈墓石〉がなく、他の二つにはある。そうすると、この一つが古いか、新しいか、どちらかである。〈墓石〉がない状態から〈墓石〉が出てくるのは考えづらいので、この絵がもっとも新しい墓地で、残りの二つがそれより前のものと考えるのが自然だろう。田園墓地の景観の変化を年代順に並べると一三八頁のようになる。

一番上の絵（図45）は、鬱蒼とした木々のなかのメランコリーな墓園景観で、初期の田園墓地の

図 45　マサチューセッツ州ボストンのマウント・オーバーン霊園（画像 *American Scenery*, c.1840 より）

図 46　ペンシルバニア州フィラデルフィアのローレル・ヒル霊園（*Godey's Lady's Book*, March 1844 より）

特徴をよく表している。真ん中の絵（図46）には、右側に木々が描かれ、当初の田園墓地のメランコリーな雰囲気を引き継ぎつつ、中央の道から左側は、明るい開放空間が広がり、〈墓石〉はあるものの男女のカップルが楽し気に散策している。それが三番目の絵（図43）になると、鬱蒼とした林はもはやなく、全体が明るい開放空間へと変化している。なぜこのような変化が生じたのか、その変化にはどのような意味があるのだろうか。

本章では、オハイオ州のスプリング・グローブ霊園とカリフォルニア州のマウンテン・ビュー霊園をとりあげ、その答えを探ってみることにしよう。景観の変化こそ、田園墓地が必然的に都市公園へとその座を譲ることになる過程を表しているのだ。

〈ピクチャレスク〉な景観はなぜ変化したか

一九世紀前半は、アメリカ北東部を中心とした「〈ピクチャレスク〉な田園墓地」全盛の時代であった。それが一九世紀後半に入り、〈西部〉へと普及していくなかで文化的・地理的・時間的文脈のなかで必然的な変化が生じるのだが、それがダイレクトに墓園景観に反映された。

田園墓地の西部への普及の過程で生じた墓地景観の変化は、興味深い現象といえるものなのだが、このような観点から研究したものはほとんどなく、わずかに、グンサー・バースの論文「公園墓地──その西部への普及」があるに過ぎない。バースは、東部に始まった田園墓地が西部に進出していく過程を、墓地景観における自然と文明のバランスの逆転として捉えているが、自然対文明という視点に重点が置かれ、〈ピクチャレスク〉な墓地景観の具体的な内容・変化については語られていない(2)。

しかし、田園墓地の「自然」は当初から、自然そのものではなく、〈ピクチャレスク〉な景観を生み出すためにデザインされた自然のように見える「人工の自然」であることを考えると、西部における墓地景観の変容についても、建設プランを含めた景観そのものについての具体的な検討が必要になるのではないか。バースは、田園墓地を公園墓地と呼んでいるが、筆者の知る限り少なくとも一九世紀前半の文献において公園墓地という表現が使われた例はみあたらない。むしろ、田園墓地が追求した〈ピクチャレスク〉な景観が、西部で出会った新たな自然——たとえば、変化に乏しい地形や、〈沼地〉や乾燥した土地など——を取り込む過程で、それらが変容し、シンプルで明るく開放的な公園景観へと進化していったと考えるべきである。

本章ではこのような立場から、筆者の墓地景観についてのオハイオ州とカリフォルニア州での現地調査に基づき、〈ピクチャレスク〉な田園墓地の景観の変容がなぜ生じたか、それにはどのような意味があるのか考えてみる。

まず、最初に取り上げるのは、オハイオ州シンシナティのスプリング・グローブ霊園である。この霊園は〈景観芝生〉プランと呼ばれるモデルを生み出し、その後の墓地景観や都市公園、さらには郊外住宅地のデザインにも大きな影響を与えた。スプリングとは「泉」だが、この地はその三分の一が〈沼地〉であった。〈沼地〉の改良を含め、個々の要素を墓地景観全体にいかに効果的に取り込み、革新的な墓地を誕生させたか詳しく見ていく。

田園墓地がさらに西部に普及し、カリフォルニア州に達すると、〈ピクチャレスク〉な枠組み自体が成り立たないような自然——極度に乾燥した不毛な土地——が待ち受けていた。霊園の設計者はもはやデザインだけで解決することが不可能な気候・土壌にどのように立ち向かったのか、サンフランシスコ近郊オークランドのマウンテン・ビュー霊園をとりあげ見ていく。

スプリング・グローブ霊園――モデルは〈東部〉のマウント・オーバーン

東部のメランコリーな雰囲気から離れ、墓地景観に新機軸をもたらしたのは、オハイオ州シンシナティに一八四五年に設立されたスプリング・グローブ霊園である。現在のアメリカの墓地の多くはメモリアル・パークと呼ばれる、〈芝生〉の開放空間と低い〈墓石〉あるいは地面に埋め込まれたプレートが特徴の墓地である。そのモデルとなり、後の墓地景観に多大な影響与えたスプリング・グローブが、どのような過程を経て新しい墓地のモデルとなったのか、まず見ていきたい。

オハイオ州シンシナティは七つの丘に囲まれたオハイオ川流域の低地に位置する都市である。一八二五年に始まったマイアミ・エリー運河（シンシナティとエリー湖を結ぶ水路開発）の建設により大きく発展し、一八四〇年代シンシナティは全米で第六位の大都市へと成長した。人口も、一八四〇年の四万六千人から、四五年には七万人、五〇年には一一万五千人と跳ね上がった[3]。詩人ヘンリー・ワズワース・ロングフェローによって「西部の女王都市」と呼ばれた美しい文化都市シンシナティを悩ませた問題は、東部の諸都市と同様に市街地の墓地問題であった。一九世紀初期にはニ三か所の宗派別の墓地が存在したが、四〇年代になると比較的大きな墓地も満杯状態になり、市街地の墓地は年々荒廃し醜悪な姿をさらしていた[4]。市の富裕層は一八四〇年代より、このような混雑した低地の市街地から広々とした眺望と新鮮な空気を求め、クリフトンと呼ばれる丘に彼らの住宅を移動し始めていた。既に財を成した町のエリートたちは、カントリー・ジェントルマンとして園芸に強い関心を持ち、自分たちの環境をイギリス風景庭園の理論に則って改良したいと考えていた。

中西部の街シンシナティのエリートたちが文化都市を創造する上で模範としたのは、ほかならぬ東部のボストンだった。サンフランシスコが近代都市として成長しつつあるときに自らを「西部のアテネ」と呼んだように、シンシナティも「西部のアテネ」となることを目指し、「アメリカのアテネ」と呼ばれていたボストンをモデルとして、革新的な文化施設・制度を積極的に取り入れていた。[5] マサチューセッツ園芸協会をまねて一八四三年にシンシナティ園芸協会が設立されるや、メンバーが中心となり墓地の改革を進めた。彼らは東部の有名な田園墓地と連絡を取り、地図や規則など墓地設立に必要な情報を手に入れ、また実際にボストンのマウント・オーバーンやフィラデルフィアのローレル・ヒル、ニューヨークのグリーン・ウッドなどを訪れている。[6]

墓地用地も、彼らの邸宅と同様不快な煙や騒音のない町から十分に離れた郊外、しかも変化に富んだ〈ピクチャレスク〉な地形を探し、町から四マイル北に位置する一六六エーカーの土地を一万六千ドルで購入した。この土地の特徴である森と泉に因んでスプリング・グローブ霊園と命名し、まだ墓地のデザインも決定していない状況のまま一八四五年八月二八日、奉献式をとりおこなった。[7]

〈柵《フェンス》〉は近代的管理の象徴

この経緯を見ればスプリング・グローブは、ボストンのマウント・オーバーンが確立した形式をそのまま引き継ごうとしていることは明らかである。このような形で、田園墓地は西部に広がっていったのである。しかし、その内容を仔細に吟味してみると、微妙だが重要な意味をもった変化に気づく。

たとえば、霊園の奉献式で読み上げられた連邦最高裁判事ジョン・マックリーンの演説は、奉献式の演説の先例をつくったマウント・オーバーンの、同じく連邦最高裁判事のジョセフ・ストーリー判事の演説を概ね踏襲している。しかし、それだけではなく古代の埋葬方法からパリのペルー・ラシェーズ霊園まで一般的な話を展開するなか、唐突に具体的な墓地のレイアウトについて、園路や植栽に触れ、最後に「この場所は塀か〈柵《フェンス》〉で囲み、簡単に通り抜けられないようにする」(8)、その上でこの美しい場所は、人々の道徳心を高める安らぎの場となるだろう、と述べているのだ。〈ピクチャレスク〉な景観の精神的な効用とともに物理的なレイアウト、特に〈柵《フェンス》に言及されていることに注目したい。

〈柵《フェンス》〉については、一八四九年に発行されたスプリング・グローブ霊園の「認許状、定款及び規則」も触れていることを見逃してはならない。市街地の墓地が資金不足で墓地の維持や改善ができず、将来、墓地が荒廃して閉鎖され、他の目的に使われるのではないかという恐れがある。恐れをさらに助長しているのは「それら（墓地）を取り囲む、壊れやすい柵《フェンス》の破損した状態だった」[9]。このような光景は来訪者たちに心痛をもたらす原因となっているというのだ。

田園墓地において〈柵《フェンス》〉は重要な意味がある。そもそも墓地を郊外に移動させると死体泥棒《ボディスナッチャー》などに荒らされるに違いない、という懸念があった。それを払拭するために、田園墓地では、それまでの墓地とは異なり、周りを〈柵《フェンス》〉で囲み、墓地の管理人を常駐させることにしたのである。〈柵《フェンス》〉があるということは、安全で管理が行き届いた田園墓地の象徴となり、そのなかで〈ピクチャレスク〉な景観を展開させる〈枠組み〉の役割も果たしていた。したがって、〈柵《フェンス》〉の破損は、物理的な現象以上に、心理的な痛みを伴っているのである。

また、田園墓地は、第三章で述べたように、町の開発で簡単に移動させられることなく墓地として永久に存続できるように、墓地を「所有する」方法を採用した[10]。墓地はまず囲まれ「聖化」され、同時に〈柵《フェンス》〉が、墓地に所有の概念が持ち込まれたことの象徴となったのである。墓地を所有する個々の家族も自分たちの墓地区画の周りに鉄柵を設けるようになり、墓園には二重の〈柵《フェンス》〉が存在するようになる。これに対して、スプリング・グローブは霊園を囲む〈柵《フェンス》〉に改善を加える一方、個々の墓地の鉄柵を取り払い、近代的な墓地のモデルとなったのである。これにはどのような意味があるのか。

霊園設計者が手を焼いたのは〈沼地〉の処理

さて、スプリング・グローブの設計では、マウント・オーバーンの〈ピクチャレスク〉な景観をモデルとしたが、理事会がその設計者に選んだのはフィラデルフィのローレル・ヒル霊園（一八三六年設立）をデザインしたジョン・ノットマンであった。図45で紹介したマウント・オーバーンの鬱蒼としたメランコリーな景観を引き継ぎつつ、開放空間もみられた霊園の設計にあたった人物だ（図46）。

ノットマンは依頼を受けるとシンシナティを訪れ、現地の型通りの調査を終えてフィラデルフィアに戻り、そこでプランを作成し郵送した。[11] 理事会は、最初はノットマンの案を受け入れていたが、最終的には却下してしまった。ノットマンは、ローレル・ヒルの設計が認められ〈東部〉で名をあげていた設計家であるが、なぜ、ノットマンのデザインがスプリング・グローブの理事会で受け入れられなかったのか。その大きな理由は、〈沼地〉に関わるものだった。ノットマンは、この土地の特徴である〈沼地〉を無視してそこを埋葬地としてデザインしてしまったからである。園路計画でも実際の地形を活かすことなく、幾何学的過ぎるレイアウトとなっていた。

理事会は〈地元〉の設計家ハワード・ダニエルズに再度設計の依頼を行った。自然の地形を生かした、マウント・オーバーンのようなレイアウトを望んでいた理事会の意向を受け、ダニエルズはマウント・オーバーンを設計したヘンリー・A・S・ディアボーンの方法を見習った。実際の地形を無視したノットマンとは異なり、ディアボーンのレイアウトでは自然の地形をそのままなぞる形で、なだらかな登り下りのある、「蛇行する園路」がデザインされていた。[12] そこで、ダニエルズは園路に、「周遊《ツアー》」という言葉を用い、一度来た道を戻ることなく園内の見晴らしのよい景色を楽しめるように設計した。丘と丘の間の自然な水路となっている窪地などの地形を注意深くたどり、墓地用地としてふさわしくない土地を巧みに利用して、園路をレイアウトしていった。[13] 彼はマウント・オーバーンの〈ピクチャレスク〉な墓地景観を忠実に再現したのである。

霊園側が東部のモデルをいかに忠実に再現しようとしていたかは、ダニエルズの個人的な好みでメイン・アベニューから複数の道に分かれる場所に噴水を置く提案が拒否されたことからもうかがえる。噴水は「〈ピクチャレスク〉というよりもフォーマルで都会的であり、東部の『田園墓地』に先例がない」として受け入れられなかったからである。[14]

ところで、ノットマンが墓地用地としてしまった〈沼地〉はどうなったか。ダニエルズの造成計画には資金・労働力の問題もあり〈沼地〉の処理までは手が及ばなかった。入り口から広がる低い〈沼地〉は、そのままの形で、地元の農家に家畜の放牧地としてリースされていた。

ヨーロッパから来た設計家シュトラウフのグランド・デザイン

〈東部〉のランドスケープ・デザイナーも〈地元〉の設計家も、〈沼地〉を〈ピクチャレスク〉

の枠組みに取り組むことができなかった。それを成し遂げたのは〈東部〉でも〈西部〉でもなく、ヨーロッパからやってきた若きランドスケープ・デザイナー、アドルフ・シュトラウフであった。プロシア生まれのシュトラウフはヨーロッパ各地で造園の修行を積み、一八四八年イギリスにわたり王室植物園リージェント・パークに職を得た。ここで偶然シンシナティからやってきた商人ロバート・B・ボウラーに庭園を案内したことがきっかけで、シュトラウフが「世界を見るために」アメリカにやってきた時ボウラーとシンシナティで再会したのである。

シュトラウフは、ボウラーの屋敷に招待され、そこの景観デザインを依頼されることになる。彼の屋敷はシンシナティの裕福な人々が市街地から移り住んだクリフトンという丘の上にあり、ボウラーはここに西部のどこにもないようなパーク・ビラを作ることを夢見ていた。シュトラウフは、結局ボウラーのビラだけでなく他のビラも手がけ、クリフトンは文字どおりパークのような美しい景観となり、一八六〇年、ここを訪れたイギリス国王エドワード七世（当時は皇太子）に、イギリスのパークやビラを思い出させるような美しさだと言わしめたほどだった[15]。

シュトラウフはこのような上流階級の人々とのつき合いを通じてスプリング・グローブの監督に就任し、二八年間様々な改良を行い、現代の墓地のプロトタイプとなるような画期的なプランを実行していくことになる。だが、その前に、丘の上のクリフトンをパーク・ビラに変える仕事をしていた、という事実は重要である。

というのも、シュトラウフが心に描いていたグランド・デザインは、単に墓地だけではなく、丘の上のビラも含めた壮大なビジョンを内包していたからである。その壮大なビジョンの霊感を得たものは、ほかならぬ〈東洋〉であった。そしてそれは当時欧米のナチュラリストや画家たちに多大な影響与えたドイツ人自然科学者アレクサンダー・フォン・フンボルトの『コスモス』を通じて得たものだった。『コスモス』は清の皇帝乾隆帝が満州の首都瀋陽にある先祖代々の墓地を称える文章を紹介していた[16]。そこでは、住宅は丘に、墓地は谷に配されていた。シンシナティでもこの方法を真似ることができる、とシュトラウフは考えたのだ[17]。

〈沼地〉は巧みに改良される

スプリング・グローブは、〈東部〉の田園墓地を忠実に再現したシンシナティの誇りであったが、いくつかの問題があり、それをシュトラウフは指摘していた。

その一つは、霊園の敷地の三分の一を占める例の〈沼地〉の処理だった。シュトラウフは監督に就任するやいなやこの問題に果敢にとりかかった。まず、この土地をリースしていた農家との契約を終結させ、ここから立ち退かせた。〈沼地〉の土地を掘り起こし、起伏のある土地を作り、複数の池を作る作業を行った。地表には芝を植え、池のなかにはいくつかの小さな島を作り、珍しい樹木や灌木を植えた。池に水鳥が放されるが、これは〈噴水〉とともに水のよどみを防ぐことを目的としていた。また小さな島や深い入江をつくり、灌木で池のボーダーを隠して池を実際よりも大きく見せる工夫がされた。堤には灌木を植えないようにして、より光を取り入れ澄んだ水が保たれるような工夫がされた[18]。

こうしてシュトラウフは「目の錯覚」と、〈噴水〉や〈水鳥〉を利用した水の浄化などを行う

図47　20世紀初頭のスプリング・グローブの２枚の絵葉書　美しい景観の水辺や芝生の様子がわかる

〈科学的〉なランドスケープ・デザインにより、〈沼地〉を「霊園のなかでもっとも美しい場所」に変貌させた(19)(図47)。しかも、美しい景観の創出によって、財政的にも大成功を収めた。池の周りの墓地区画が値上がりし、高い値段で販売できたからである。

実際シュトラウフは、〈沼地〉の造成費用を一〇万ドルと見積もっていたが、新たに造成した埋葬地の収入によって霊園の負債もカバーする収益をあげると予想していた。結果は七年で五〇万ドルという予想以上の売り上げを記録した。(20)これは景観の美化がいかに土地の値段を釣り上げるか、墓地経営者たちに強く印象づけることになる。シュトラウフの伝記を描いたH・L・ラガーマンは、彼の功績は芸術的な仕事ではなくこの財政的な成功をもたらしたことであり、シュトラウフの地位は確固たるものになった、アメリカ人は金で人を評価するものだ、と述べている。(21)いずれにせよ、シュトラウフの〈沼地〉の改良がいかに成功を収め霊園側を喜ばせたか、理事会が池の島の一つをシュトラウフ一家の埋葬地として贈る決議をしたことからもうかがえる。

〈柵《フェンス》〉は取り払われ〈墓石〉にも制限が加えられる

次にシュトラウフが行ったことは、霊園を取り囲む見苦しい〈柵《フェンス》〉や壁を取り去ることだった。牧草地の境界には高い木製の〈柵《フェンス》〉があり、搾乳場を隠すために石の壁が作られていた。これらは入り口からのドライブウェイを暗く陰気なものとしているので、これを改善して明るい雰囲気にしようというのだ。

アメリカの墓地はヨーロッパと異なり、周りに高い〈柵《フェンス》〉を設けることをしないのが特徴となっている。これは、住宅地においても同様であり、オープンな空間を演出することを好む伝統がある。マウント・オーバーンでも墓地の周りだけではなく、家族の一区画も鉄の柵などで囲むことが行われるようになり、墓地に「所有」の概念が持ち込まれていると当時から批判の声もあった。だが、田園墓地研究者バーバラ・ロタンドも指摘しているように、それが腰までの高さ程度で、他人を排除すると言うよりも、他人の視線を意識していることに注目すべき点がある。(22)

また、園内の埋葬地にも問題があった。レイアウトは計画的でなく、数千人もの人々がそれぞれ思い思いの好みで墓を飾っていたので、園内にも美観を損ねる醜い生垣や鉄の〈柵《フェンス》〉が溢れ、多くの記念碑が林立していた。このような「自由放任」からくる雑然とした状態からいかに「調和」を得るか、それこそシュトラウフが取り組んだ一番の課題だった。

まず、園内の鉄柵や生垣など一切禁じ、一旦撤去したものは再び設置することを禁じた。家族の区画には記念碑を一つとし、記念碑以外の〈墓石〉は芝刈りの邪魔にならないように地面より数インチの高さとした。シュトラウフは、墓地景観から邪魔なものを一切取り除いてシンプルな美を追求したのであり、墓地の装飾・美化のすべてを墓地監督者の「管理下」に置き、監督者の許可なしにいかなる記念碑も立てられないようにした。シュトラウフはこのような「システム」を確立するに際し、単に「美的な観点」からでなく、鉄柵の維持（鉄柵は錆びないように定期的に塗り換える必要があり、経費がかかる）など「経済的な観点」からも理事を説得した。

このような大胆な改革に対して当然、反対する声もあった。そのほとんどは鉄柵や〈墓石〉のメーカーなど利害が絡む者たちからのものである。最も議論を呼んだのは、〈墓石〉は将来的には芝生と同じ高さにする、という新たな規則だった。これに対しては、個人所有の敷地において伝統的な形で〈死者を弔う権利〉の侵害だと反対する声があがった。(23) 反対者たちは外国人排斥のレトリックを使い、シュトラウフの考えが「異教徒的」で「反アメリカ的」な思想から生じているとして彼の計画に反対した。一八五八年一〇月、理事を選ぶ選挙の時、次のようなアジビラが突如配布されるに至った。「追悼の場」である墓地を「遊びの庭」とし、キリスト教の墓地を「異教徒的な場」にするために、また先祖の古くからの良き習慣を破壊する目的で「ヨーロッパ」から「反アメリカ的」な、奇妙な思想がもたらされた、と書かれていたのである。(24)

このような波乱もあったのち、個人の墓に設けられた〈柵《フェンス》〉は〈私有財産〉であるためにシュトラウフに撤去する権限はなかったが、荒れた墓地の問題もあり、一八七〇年墓地所有者の要求として理事会の決定により取り除かれることになった。(25)

シュトラウフは、執拗に「趣味《テイスト》の悪い」記念碑を拒否し続けた。彼は、墓地区画所有者たちは、ただ石を売ることにしか関心のない人間の忠告ではなく、「正しい趣味《テイスト》」を持った人間の忠告に従うべきであると説いた。(26) シュトラウフの伝記を書いた同じくドイツ系アメリカ人で米独関係史を専門としていた歴史家ラターマンは、「正しい判断力」はすべての人間に備わるものではなく、卓越した種に備わっているように限られた人間に与えられ、それが芸術を生み出す秘密の力となっている、と述べている。(27)シュトラウフ自身がそこまで考えていたか知ることはできないが、シュトラウフの「正しい趣味《テイスト》」で統一された美しく調和のとれた景観の探求は、同時代のオルムステッドとも共通した、「理想社会」探求の一環でもあった。

このようにシュトラウフが求めた景観の〈視覚的統一〉という考え方はどこから生まれたのか。環境デザインを研究するノエル・ドーズィー・バーノンによると、シュトラウフは、シンシナティにやってきたときすでにはっきりとしたランドスケープ・デザインの理論をもっていた。(28)彼の考え方に大きな影響与えたと考えられているのは、シュトラウフと同じプロシア出身の、貴族で著名な造園家ヘルマン・フォン・ピュックラー゠ムスカウのパーク・デザインの理論であり、ムスカウの著作『ランドスケープ・ガーデニングの手引き』であった。シュトラウフの〈視覚的な統一性〉はこれまでの田園墓地の〈ピクチャレスク〉な景観には見られない新しい概念であった。霊園全体を一服の絵と考えて、そのなかに配置する建物や記念碑や植栽を注意深くプランニングするという考え方である。よく茂った植物など「複雑さ」のなかに「統一感」を持たせる、そこに視覚的な「ドラマ」があることが大切であった。道のレイアウトも「絵の全体」を鑑賞できるように工夫がされていた。突然行き止まりとなって訪問者を驚かすのではなく、ムスコウが述べているように「見えざる手に導かれるように、最も美しい場所」に向かわせるようにデザインされなくてはならなかった。(29)

富と文明の象徴としての〈芝生〉が登場した

当時に流行した風景画では、〈光〉と〈空気〉が個々の細部を統合し「全体的効果」を生み出す役割を担った。[30]では、シュトラウフの景観設計で全体を統一する重要な要素は何であったか。それは、二〇世紀アメリカの景観のもっとも特徴的な要素となる〈芝生〉であると筆者は考える。

シュトラウフが行った墓地景観の革命は、記念碑や〈墓石〉やその他の障害物を可能な限り取り除き、広々とした明るい〈開放空間〉を設けることであり、そのために不可欠だったものが、広々とした〈芝生〉であった。シュトラウフ自身も、これを〈景観芝生プラン〉と呼んでいる。スプリング・グローブ以降、〈景観芝生プラン〉は近代的な墓地景観のモデルとして広く普及していった。

一九世紀後半はアメリカの裕福な住宅の周りに〈芝生〉が現れ、これが二〇世紀になるとフロント・ローンと呼ばれる〈芝生〉の前庭を持った中産階級の典型的な住宅形式となるが、〈芝生〉がアメリカ文化の重要な要素として裕福な家に登場したのがこの時期であった。[31]〈芝生〉の普及に欠かせない芝刈り機も登場し、一八六八年から七三年まで三八の特許が登録されている。〈芝生〉は東部で関心をもたれていたが、オハイオ州はニューイングランドからの移住者によって建設された州なので、同じく〈芝生〉への関心が高かった。[32]

〈芝生〉がアメリカの裕福な住宅に取り入れられたことは、クリフトンの例が示すように、〈芝生〉で囲まれたイギリス貴族の屋敷をアメリカに再現したい欲求から生まれたものであった。〈芝生〉は〈富〉と〈趣味の良さ《テイスト》〉を誇示するための媒体となっていくのである。

芝は元来家畜の餌として植えられていたものであり、したがって家畜が勝手に手入りしないように〈柵《フェンス》〉が必要だった。〈芝生〉から〈柵《フェンス》〉を取り外したことは、家畜を飼うためではなく、非実利的な目的のために〈芝生〉が使われ始めたことを示している。この変化を、端的に示しているのがまさにスプリング・グローブであった。前述したように〈沼地〉の草地から家畜を追い出し、〈柵《フェンス》〉が取り除かれ、広々とした〈芝生〉こそが、富と洗練された文明を表す記号となった。

このように文化的意味を付加された〈芝生〉は、気候的に不適切な乾燥したカリフォルニア州にも、文化の証として無条件で移植された。

最新の測量技術が墓地の近代的管理を可能にした

〈芝生〉が、個々の要素を全体プランのなかに統一する上で重要な役割を担ったことを見てきたが、筆者の調べたところによると、芝生に見られるようなデザイン上の革新に加えて、技術的な進歩ともいうべき要素が、墓地の「中央集権的管理」を可能にしたことに関わりがあったのである。

一八四九年に発行された『スプリング・グローブ霊園の認許状、定款及び規則』を、筆者は詳細に読み込んでみた。するとこれまでの田園墓地に関する書類では見たことがないある事柄が、ことさら強調されて述べられていることに気づいた。それは、設立の経緯を述べた最後に、「スプリング・グローブの測量は世界のどの墓地よりも正確で完全である」と述べられているのだ。[33]

「正確である」とはどういうことか。墓地全体が、極めて正確な測量技術を用いて測量されたことであった。それは三角測量という当時では最新の測量方法であり、その正確な測量技術は、蛇行する園路や多様な地形のなかに点在する何千もの〈私有財産〉を正確に管理することを可能にしたのである。この測量を行った土木技師は、「霊園のなかのすべての区画の目印が壊されても、この〈測量〉記録を見れば全く同じ目印を再現できる。これは、……合衆国のどの霊園でも行えるものではない」と述べている。[34]

このことは、近代的な墓地が園内の雑多な〈私有地〉を「全体の管理下」に置くシステムを確立する上で、重要な技術的進歩を示している。このシステムが、シュトラウフの景観改革により現代墓地のプロトタイプとなったスプリング・グローブのレイアウトで初めて採用されたことは重要な意味を持っている。〈視覚的統一〉を重視する〈ピクチャレスク〉な景観は、単にデザイン上の問題からだけでなく、技術的進歩も含めた、より大きな社会的文脈のなかから生じたことを示唆しているからである。

より正確な測量技術は、それぞれの〈私有財産〉の周りに、いわば「見えない〈柵〉《フェンス》」を設け、視覚的に統一された景観を実現させる支えとなったと言える。スプリング・グローブ以降、「墓地区画所有者」に代わって「墓地監督者」が墓地の管理・運営で強い権限を握るようになり、全体的な目的のために個々の墓地所有者の自由が大幅に制限される状況が加速されていくのである。

墓地の「徹底した管理システム」が実現した

霊園監督シュトラウフが目指したことは、墓地が墓地として永遠に存続するためには、それを壊すことが躊躇されるような類い稀な美を創造しなくてはならない、ということだった。墓地を〈野外美術館〉に、というのがこの霊園のスローガンとなる。そのお陰で、現在でも園内は大変美しい景観が維持されている。スプリング・グローブは、一九〇〇年のパリ国際博覧会でアメリカのもっとも優れた景観デザインとして金賞を受賞する。一九世紀後半を通じてスプリング・グローブは墓園、都市公園、郊外住宅地の模範となった。

アメリカの公共空間を考える上でこの霊園の重要性は、園内を美しく保つための「システム」を作ったことにある。〈芝生〉は何センチ以上生やさない、作業員には制服を着せる、作業は決められた時間内に行い、いつも作業中であるという印象を与えないようにするなど、まさに現代のディズニーランドにつながるような、徹底した維持・管理システムを造り上げたのである。

スプリング・グローブの一九世紀の画像を見ると、墓園が公園のように見えるだろう（図48と図49）。図48は、自然の風景と一体化しているような景観である。図49は、当時の人々がまるで公園を訪れているように、景色を楽しみながらそぞろ歩く様子がよくとらえられている。

図48　1858年頃のスプリング・グローブの全景　右手前に池のそばの柳の木が特徴的に描かれ〈ロマンチック〉な景観が創造されている　初期の田園墓地と比較して、芝生の開放空間が広がっていることが分かる（画像 Library of Congress）

図49　スプリング・グローブの壮大な景観が国内外で評判となり、毎日何百人もの人々が訪れた　広々とした園路を散策する人々　公園と見間違う光景である（写真 *Spring Grove: Celebrating 150 Years* より）

図50　スプリング・グローブのエントランスから入ると石造りのトンネルまでドライブウェイが続いている　墓石はない（筆者撮影）

図51　トンネルをくぐると、記念碑は見えるが公園のような墓園が広がっている（筆者撮影）

次に現在の様子を見てみよう。まず、正面の門から園内に入った所の景観である。図50のトンネルは、その上をかつて鉄道が走っていた名残りである。鉄道によって市街地からアクセスしやすくなったが、自然の雰囲気を維持するためにその姿は樹木で隠すような工夫がなされている。そのトンネルまで、〈墓石〉はどこにもない。図51は、トンネルを抜けると目の前に開ける景色だが、モニュメントがぽつりぽつりと立っているだけで、まるで公園のような景観が広がっていることが分かるだろう。

スプリング・グローブ霊園の

景観は、こうして都市公園や郊外住宅地などの近代的公共空間のモデルとなっていくのは必然であったといえる。実際に、墓地が郊外住宅地の原型となったと主張しているジョン・F・シアーズによると、田園墓地は家族の区画のまわりを縁石で囲って前面には家族の名前が表示され、それがアベニューと呼ばれる園路に面しているのだが、そのようなアレンジが何とも当時のエレガントな郊外住宅を思い起こさせるというのだ。[35] アベニューの名前も、ウィロー・アベニューとか、マグノリア・アベニュー、サイプロス・アベニューなど、植物の名前がつけられ、洗練された呼び名に

図 52　園内を進んでいくとこのような風景が続く　モニュメントだけで〈墓石〉がほとんどなく、まるで、公園のようだ　園内は広いので車でないと回りきれず、道が蛇行しているので車でも迷いやすい（筆者撮影）

図53（中）、54（下）こちらの写真の景観とよく似ていないだろうか。これは、シカゴ郊外のリバーサイドと呼ばれる郊外住宅地で、19世紀後半にオルムステッドが設計した有名な郊外住宅地である。

なっている。通りにそのような名前をつけることは新しい習慣で、この命名法はその後郊外住宅地に多く採用されていく。

マウンテン・ビュー霊園――設計者オルムステッドが評価されなかったのはなぜか

スプリング・グローブ霊園をそのままのモデルとして、一八六五年五月に設立されたのが、カリフォルニア州オークランド市のマウンテン・ビュー霊園である。ニューヨークのセントラル・パークの設計で一躍脚光を浴びることになったフレデリック・ロー・オルムステッドが設計を手がけた墓地であるが、この事実はあまり知られていない。

一九世紀の墓地設計で特徴的なこととして、当代屈指の造園家が墓地設計に関わっていたことはもっと注目されてもよいだろう。優れた景観設計によって、スプリング・グローブの例にも見られるように、墓地が話題を集め、公園や郊外住宅地など公共空間のデザインにまで影響を与える指導的な役割を果たしているからである。しかし、意外なことにマウンテン・ビューの場合は、すでに名声を確立していたオルムステッドが設計したにもかかわらず、その後の墓地景観に影響を与えていないのである。開園から約一世紀が経った一九六〇年代に出版された霊園のパンフレットには、オルムステッドの設計について一言も触れられていない。オルムステッドの提案には地方性に着目した斬新なアイディアが表現されているにもかかわらず、なぜマウンテン・ビューが――少なくとも西部の半乾燥地帯における——墓地景観で新機軸を打ち立てられなかったのか。

ここに〈西部〉という土地の特殊性を見ることができるのだが、田園墓地運動の西部への普及における終着点としてのマウンテン・ビュー霊園の問題点を取り上げ検討したい。

一八六三年、サンフランシスコの東、ゴールデンゲート橋のたもとに広がるオークランドに、マウンテン・ビュー霊園の母体であるマウンテン・ビュー・アソシエーションが結成された。その目的は、「死者の思い出のために、騒々しい街から離れた広大な敷地を永遠に（墓地として）聖別し、そこでは安息の場に設けられた醜い〈柵《フェンス》〉を取り払い、美しい自然に囲まれた場所にすること……」(36)であった。田園墓地設立の目的には、もはや市街地で醜悪な姿をさらしている墓地をどうにかしなければ、という「社会問題」は完全に欠落していて、より関心が向けられているのは、「流行の景観スタイル」であった。

霊園開設の一八六五年に発行されたパンフレットでは、「高価で往々にして不釣り合いな木製の手すりや、石や鉄の〈柵《フェンス》〉さえもこれまで墓地によく設置されたが、東部の、より最近の趣味の良い霊園では撤去されている」と最近の霊園の傾向に触れている。(37)しかし、田園墓地を形容する常套句と、墓地景観に関する新しい意見を無造作に寄せ集めているだけ、といった態で、しかも、通常この種のパンフレットには必ず載っている「設立意義が説かれた奉献式でのスピーチ」はなく、最後のページにスプリング・グローブの演説をそのまま転載している、というものであった。

これだけを見ても、田園墓地誕生から三〇年を経て、人々の墓地に関する関心がかなり薄れてきたことがうかがえる。霊園の理事たちはそれでも、西部一の美しい墓地を造りたいという意欲に満ち、一八六三年から金鉱山の支配人となりカリフォルニアに滞在していたオルムステッドにその設計を依頼したのであった。セントラル・パークで岩や〈沼地〉の不毛な土地を魅力的な緑の空間に変えたその手腕がかわれてのことだった。オルムステッドは、現地を調査して、一八六五年に理事会に「カリフォルニア州オークランドのマウンテン・ビュー霊園設計案の序文」を送っている(38)。これは、オルムステッドが墓地のデザインに関する考え方を表明した唯一のものとなっている。

〈西部〉では〈ピクチャレスク〉な景観は望めない

オルムステッドの霊園設計はどのようなものであったのか。彼はまずサンフランシスコの特殊な気候風土を問題にした。一年の半分はほとんど雨が降らない半乾燥地帯で、「世界中どこを探しても、実際の砂漠を別とすれば、ここ以上に自生の植物が限られたところはない」とその特殊性を強調している。

オルムステッドは、一八六三年ニューヨークからパナマ経由でカリフォルニアにやってきた。途中、パナマ鉄道の列車から見た熱帯植物に圧倒され、その「うっそうと茂る木々の目も眩むほどの華麗さ」の印象も冷めやらぬままサンフランシスコに上陸した(39)。しかし、そこで目にしたものは、「木も灌木もまったくない、ほとんど荒涼とした」風景だった。これまで見慣れてきた風景とはまったたく異なる、土埃の舞う、殺伐とした、砂漠の風景との遭遇だった。しかも、サンフランシスコは一八五〇年以来の大干ばつに見舞われていた。

オルムステッドは、サンフランシスコにはもはや〈東部〉のような〈ピクチャレスク〉な田園墓地を作るのにはふさわしくないと判断した。さらに、〈東部〉の田園墓地にこだわれば、人工的に地形を変え、頻繁に散水を行わなくてはならず、膨大な資源・労働力・コストがかかり賢明ではない。したがって、発想を転換してまったく新しいアプローチを取るべきであると主張したのだ。〈ピクチャレスク〉な景観は、自然の風景美を前提にしているため、墓地の記念碑や〈墓石〉は自然なデザインの邪魔になる。しかも、マウンテン・ビューは大部分平地なので、その意味でも〈ピクチャレスク〉なデザインは難しい。そこでどうしたか。オルムステッドの案を見ると、平地の道は直線に引き、両側に木を植えて並木にしている。斜面には曲線を用いているが、これは登りやすくするためである。

〈東部〉の田園墓地では曲線をえがく園路が特徴であり、これが自然な景観と一致すると考えられていた。オルムステッドは、自然の方が人間の手になるものよりもより真実であり美しいというが、人間の才能も技術も神が生み出したものであり、同様に「自然」であると考えていた。〈ピクチャレスク〉な景観は人間の手が加えられた時点で〈純粋な自然〉ではなくなるが、〈墓石〉も記念碑も人間の気持ちを伝えるためのものであり、人工的なものであることを隠す必要はない、と言うのである。さらに、〈ピクチャレスク〉な庭園墓地の欠点は、庭園が優先し、墓地は二次的となり死

図 55　オルムステッドによるマウンテン・ビューの墓地区画デザイン（図像 Frederick Law Olmsted, "Preface to the Plan for Mountain View Cemetery, Oakland, California" より）

者への配慮を奪ってしまっていることだ、と批判している。

パストラルな景観のまとめ役として重要であった〈芝生〉は、半乾燥地域には費用もかかり不適切だとオルムステッドは考えた。〈芝生〉の代わりに彼が提案したものは、各々の墓地をイトスギと灌木で密に囲むことで個別の空間を作り、地肌が広がる風景が視界に入らないようにすることだった。（図55）

オルムステッドがカリフォルニアの地に求めたものは、〈東部〉の田園墓地がモデルとしたイギリス風景庭園ではなく、それを捨て去り、その土地の気候・風土に適した新しいモデルを打ち立てることであり、「応用」ではなく「革新」であった。

オルムステッドは社会の〈多様性〉を実現する「革新」を求めた

こうしたオルムステッドの革新的な案は、サンフランシスコの気候的な特殊性だけではなく、社会的な特殊性をも考慮に入れたものであった。急速に発展しつつあった新興都市サンフランシスコには、独身者や旅行者などの一時滞在者が多く、彼らは様々な団体に属しているので、それぞれの団体のための埋葬区画もプランに含められた。カトリック教徒や、中国人のための区画など埋葬者の多様な要求に応じたプランが提案された。もともと〈多様性〉は〈ピクチャレスク〉な景観の基本的要件であったが、初期の田園墓地においてそれは地形的、植栽の〈多様性〉であった。

しかし、一九世紀後半になると、アメリカの墓地にも外国人が多く埋葬されるようになり、それを反映して人種的〈多様性〉が設計者の意識に加わってきたということだ。シュトラウフも、スプリング・グローブに海外から多くの種類の樹木を収集したが、これは植物学的な関心からだけでなく、埋葬者の人種的〈多様性〉も念頭にあったことが指摘されている。[40] また、一八七三年版のマウンテン・ビューの規則には、埋葬者の記録に肌の色が加えられている。[41] しかし〈多様性〉は、死者を弔うという共通目的では統一がなければならなかった。墓園を構成する個々の要素の秩序ある相互関係こそが重要だとオルムステッドは主張していたのである。

またオルムステッドは、新興都市サンフランシスコのもう一つの問題点は、審美的な判断力を持ち人々の「趣味《テイスト》」を正しく導く指導者が不足していること、公共心が忘れられ、奇抜な行為も注意を受けることがないことを指摘している。したがって、マウンテン・ビューは、人々に正しい「趣味《テイスト》」——美的センス——を教える場としても構想されていたのである。これは、初期の田園墓地が、新生共和国の良き市民——正しい「趣味《テイスト》」・価値判断を持った人間——を育む場としてとらえられていたことを思い起こさせ、また、スプリング・グローブのシュトラウフも同じように「趣味《テイスト》」を重視していたことにも通じる態度である。このようなオルムステッドの意見は霊園の規則に反映され、全体の景観美を損ねないために個々の墓地所有者の「趣味《テイスト》」も規制された。しかし、都市公園も登場する一九世紀も後半となると、人々が墓地にこのような積極的な役割をどこまで期待したか疑問である。

オルムステッドの提案は、部分的に実行に移された。実際の景観では、図55の木と灌木で囲った区画の案は実行されず、オルムステッドが強調した半乾燥地帯に適した革新的な発想は結局生かされなかった。霊園の一三人の理事たちは、ニューイングランドやニューヨークからの移住者たちであり、〈東部〉の景観を捨てきれなかったものと推測される。依頼主たちの、ニューイングランドの景観への強い執着は、結局高い費用をかけても、また、乾燥期に惨めな姿になろうとも、オルムステッドの提案を蹴って〈芝生〉を採用させてしまったからである（図56）。

景観設計の最大の障壁は〈墓石〉という皮肉

現在のマウンテン・ビューには、中央の直線のメイン・アベニューなどオルムステッドのデザインは今でも残っており、現在の霊園のパンフレットは、オルムステッドが設計者であることを宣伝している。しかし、園内は彼のプランとは異なり、〈芝生〉が植えられている。二〇世紀になると、人間の技術力でどのような景観も可能となり、マウンテン・ビューもついに創設者たちが夢に描いた通りのパストラルな景観を実現した。しかし、皮肉なことに、それゆえにマウンテン・ビューはどこにでもあるような霊園となってしまった。これは、田園墓地の宿命でもあり、いわばヒット商品である田園墓地は、あちこちに同じような墓地を生み出し、結果的に墓地に対する人々の関心を低めてしまう結果となった。

図56　20世紀初頭と思われるカリフォルニア州オークランドのマウンテン・ビューの景観

オルムステッドは、これ以降二度と墓地のデザインは行わなかった。と言うのも、彼にとって景観デザインの最大の障壁になったのは乾燥した特殊な気候よりも、景観の邪魔になる〈墓石〉そのものだったからである。彼は後に、「記念碑に条件をつけない限り、墓地のデザインはもうできないと思う。その条件を受け入れるのはクエーカー教徒以外いないだろう[42]」と述べている。クエーカー教徒の墓地は簡素な墓として知られている。これこそ、風景庭園を理想とした田園墓地に内在する本質的矛盾をつく意見であり、皮肉にも墓地の将来のモデルを予測するものであった。〈墓石〉のない墓地という新たなモデルとしてフォレスト・ローン・メモリアル・パークがカリフォルニアに登場するには、さらに半世紀が必要であった。

田園墓地の「西漸運動」は終わった

一九世紀後半ともなると、人々の墓地への関心が薄れ、郊外の広大な敷地の田園墓地も市街地の発展にさらされるようなり、〈墓石〉が乱立して当初の景観とは大分異なる醜い姿をさらし始める（図57）。最初は郊外であったものが、拡大する市街地に取り込まれ、墓地がさらに遠くに移動させられることもたびたび起こるようになった。墓地がますますビジネスの対象としてとらえられるようになり、投機対象の墓地が多く造られるようになった。墓地が文化的な価値を失い、墓地の商業化が押し進められる時代の始まりである。

東部から中西部、そして西部カリフォルニアに普及した田園墓地はどうなっただろうか。図58は、田園墓地の「西漸運動」の終着点をとてもよく象徴している。これは、海岸に捨てられた〈墓石〉なのだ。

サンフランシスコの市街地にあったローレル・ヒル霊園が街の発展によって、死者の街コーマに引越を余儀なくされ、その時にすべてが掘り起こされ、〈墓石〉は壊されてサンフランシスコのビーチに捨てられたのだ。〈東部〉のマウント・オーバーン霊園から始まった田園墓地の何という変貌ぶりだろう。こうして、サンフランシスコでは、一九世紀のゴールドラッシュから始まったすべての墓地が二〇世紀前半に市街地から一掃させられてしまった。人類史上まれに見る大規模な死者の大移動ということだ。大潮になると、潮が引いたサンフランシスコの海岸に捨てられた〈墓石〉が現れると言う（図59）。何とも、おぞましい光景ではないか。そのような墓地の悲しい運命に共感したからか、破壊されたモニュメントや霊廟の一部を集めて、小さな記念公園が造られている。サンフランシスコの

図57　東部の三大田園墓地のひとつ、ニューヨークのグリーン・ウッド霊園でさえ、縁石とレールで囲まれたモニュメントが乱立し、風景庭園からかけ離れた姿となっていた（写真 1891 年撮影のステレオビュー　グリーン・ウッド霊園のヘンリー・ウォード・ビーチャーの墓付近）

ヨットハーバーから海に突き出た細い道をたどっていくと、先端に古代の廃墟と思わせるような場所が突如現れる。「波のオルガン」と名づけられた公園である（図60）。筆者が訪れた時には誰もおらず、忘れ去られた廃墟のようであった。

ここに至って、田園墓地から始まった墓地と人々との親密な関係も劇的に終わりを告げたわけである。つぎに登場するのが、ここカリフォルニアで生まれたきわめてユニークなフォレスト・ローン・メモリアル・パークである。

カリフォルニアは新たなタイプの墓地を生む

一八三〇年代に登場した田園墓地はアメリカの墓地史上重要な墓地であった。田園墓地がアメリカの墓地史にもたらした大きな変化は、これまで述べてきたことに加え、墓地設立の動機を拡大したことにもある。

死者が出ると、遺体を何らかの形で処理しなければならない。これが墓地を造る動機であることは間違いないだろう。この必要性に、二つの新たな動機が加わった。ひとつは、審美的なもの、つまり美しい景観をつくりたいという欲求、もうひとつは、利益をあげたいという金銭的な動機である。

美しい景観をつくることが強い動機となっていたことはすでに見てきた。一九世紀後半ともなると、成功した墓地のライバル、都市公園や森林公園、コミュニティーガーデンなどが次々に生まれた。のちに田園墓地が忘れられていく原因となっていく。

もうひとつの動機、利益の追求を目指す墓地の商業化が進んでいく。こうした新しいタイプの墓地は、もっとも効率的、合理的に設計され、規模も田園墓地に比べると、小さくなっていく。小さければ、アクセスもよくなり、利用者が利用しやすくなるからである。景観はどこにでもあるような公園風になっていく。墓地の経営陣の人材にビジネス界から加わるようになる。不動産と保険業

図 58　1944 年にオーシャン・ビーチに投棄された〈墓石〉。"Cemeteries in the 1930s," *San Francisco Daily News*（Courtesy of the San Francisco Public Library）

図 59　海に廃棄された〈墓石〉が姿を現した（Carl Nolte, “Tombstones from long ago surfacing on S.F. beach,” SFGATE, June 8, 2012 より）

図 60　「波のオルガン」（Frank Schulenburg, Attribution-Share Alike 4.0 International）

界である。彼らは広告を使って墓地販売を宣伝するようになる。

フォレスト・ローン・メモリアル・パーク――「墓地のディズニーランド」の登場

このような墓地の商業化で大成功を収めたのが、ロサンゼルス郊外に設立されたフォレスト・ローン・メモリアル・パークである。一九一七年にロバート・イートンという人物が責任者となり、

図61　フォレスト・ローンの看板（筆者撮影）

図62　大きなゲートから車で進むとまるで広大な公園のよう（筆者撮影）

図63　近づいてみると、芝生にプレートが埋め込まれているのが分かる（筆者撮影）

破綻寸前であった墓地を再建し成功を収める。墓地の「西漸運動」の最終地カリフォルニア州で誕生したこのユニークな墓地は、田園墓地につづきアメリカの墓地史上重要な墓地のプロトタイプを生み出すことになる。メモリアル・パーク型の霊園である[43]。

一九世紀の田園墓地は、墓地の呼称をグレーブヤード（死体遺棄場）からよりソフトなニュアンスのセメタリー（眠る部屋）へと変化させたが、二〇世紀のメモリアル・パークになると、死がまったく欠落した呼称となる。墓地を表す言葉の変化からも明らかなように、アメリカの墓地の歴史は「死」の隠蔽化の過程と分かるだろう。フォレスト・ローン・メモリアル・パークでは、死を想連させるものすべてを取払い、セールス・トークでは「死体」や「遺体」と言わずに、「ミスター誰々」と言い、「亡くなった」と言わずに、「休暇をとっている」（take a leave、死んだという意味にも使われる）と表現するよう徹底した指導がなされる。

〈墓石〉は芝のなかに埋め込むプレート方式となり、はもはや芝刈りの邪魔とはならないし、美しい景観の邪魔にもならない。フォレスト・ローン・メモリアル・パークの写真を見ると、どうみても公園である。車で園内に入ると、このような景観が広がっている（図61、図62）。墓地とわかるようなものはまったく見当たらない。よく注意してみると、芝のなかにプレートが埋まっているのがわかる（図63）。

メインの霊園グランデールには、ダビデ像のコピーがあり（図64）、立派なミュージアムもある。そのなかに、「最後の晩餐」のステンドグラスがある（図65）。図66のピエタ像のように、ミケラン

図 64　屋外に置かれた原寸大のダビデ像（崩壊前の姿）（“On display at Forest Lawn Memorial-Park – Glendale, California, USA. Images used with permission.”）

ジェロの有名な作品のコピーが館内に置かれているが、ダビデ像も含めこれらすべて、多大な費用をかけて、イタリアで制作させたものである。ダビデ像は原寸大の大理石の見事な彫刻であったが、二〇二〇年に崩壊してしまい、大理石に代わりブロンズのダビデ象を設置予定だという(44)。

次頁の写真(図67)は、アメリカ独立宣言書に署名をする場面を描いたジョン・トランブル作の有名な絵のレプリカである。下の建物(図68)は、ワシントンが住み、最後を迎えたバージニア州アレキサンドリアのマウント・バーノンの邸宅を模した事務所である。これらの二つの写真はハリ

図65　ミュージアムの奥に「最後の晩餐」のステンドグラス(“On display at Forest Lawn Memorial-Park – Glendale, California, USA. Images used with permission.”)

図66　ミュージアム内にあるミケランジェロの「ピエタ」像　(“On display at Forest Lawn Memorial-Park – Glendale, California, USA. Images used with permission.”)

ウッド・ヒルズに新たに設立されたフォレスト・ローンにあり、ハリウッド・ヒルズではアメリカの建国の歴史がひとつのテーマになっている。

フォレスト・ローン・メモリアル・パークは、田園墓地が打ち立てた「墓地は陰気な場所ではない」という考え方を二〇世紀になって再び強調したことに、アメリカの墓地の歴史のなかで重要な意味があると考える。一九世紀よりさらに徹底して墓地を「明るい場所」にしただけではない。ビ

図67　フォレスト・ローン・ハリウッド・ヒルズにあるジョン・トランブル作《アメリカ独立宣言》のモザイク画

図68　ハリウッド・ヒルズにある霊園事務所　ワシントンの邸宅マウント・バーノンを模したもの

ジネスとして非常に大きな成功につながったのである。葬儀サービスや花屋など、これまで墓地販売とは切り離されていたものをすべて取り込んだ総合サービスを展開して大きな利益を得ることに成功したからである。その流れを阻止しようとする葬儀関係団体との訴訟を繰り返しながら、様々な困難を克服して一本化が果たされた。「墓地のディズニーランド」と言われるように園内はテーマ化され、それぞれのテーマに沿った壁画や彫刻が賑々しく置かれている。イギリス人の小説家イブリン・ウォーによって、死をもビジネスにするアメリカ人を皮肉ったブラックユーモア小説『囁きの霊園』のモデルとなった霊園である。さまざまな評価があるが、葬儀産業においてひとつのビジネスモデルを確立したことには間違いない。

フォレスト・ローン・メモリアル・パークが求めた墓地のあり方でとくに指摘したいことが二つある。一つは、単に遺体を納める墓地の存在を超えて「文化施設」を目指したことである。墓地は放っておくと消えてなくなることはなく、醜い姿をさらしたまま人々を不快な気持ちにさせるやっかいな施設だ。そうならないために、立派な「文化資産」とするべきなのだ、というコンセプトである。園内には「ダビデ像」をはじめ有名な彫刻が置かれ、立派なミュージアムが設けられたのはそのためである。先に紹介したこれらの彫刻やミュージアムの目玉のステンドグラスの「最後の晩餐」など、いずれもコピーであるが、莫大な費用をかけてイタリアで制作されたことがミュージアムのパンフレットで強調されている。海外に行かずとも、ここに来れば、イタリアの傑作が見られるというのが設立当初の宣伝文句であった。かなり極端な展開のように見えるが、墓地を「野外美術館」にしようとしたスプリング・グローブ霊園の構想につながるものであり、彫像を持ち込むようになった田園墓地が当初からもっていたひとつの側面が突出した形となった、と言えるのである。

もう一つ指摘しておきたいことは、墓地を共同体に奉仕する施設として――田園墓地がそうであったように――再度位置づけている点である。イースターやクリスマスの催しなどで、近隣の家族がやってきて楽しむための場にしたいという意図が、墓地設立の背後にあったのである。フォレスト・ローンは、死を隠蔽化するなどある意味奇抜なアイディアで人を驚かせる側面もあるが、共同体を重視する保守的な価値観を核としていることも事実だ。百年前のマウント・オーバーンにしても、二〇世紀のフォレスト・ローン、さらにはディズニーランドにも言えることだが、私設の公共空間のなかに伝統的な家族の絆など保守的なイデオロギー、あるいはそうありたいと願う人生の夢や理想が求められている、それが商業的に大成功を収めるひとつの要因となっている。

アメリカの墓地の二つの特徴――自然志向と多機能空間

第三章、四章を通じて、マウント・オーバーン、スプリング・グローブ、フォレスト・ローン・メモリアル・パークと三つの重要な墓地を見てきたが、どの霊園にも共通して言えることは、当時の人々の社会的・文化的ニーズをうまく取り入れていることであり、斬新なアイディアとともに、家族や共同体の古い価値観を温存する場であること、単なる墓地を超えた「文化施設」を目指した多元的、多機能空間だったということである。これが、霊園の成功要因となった、と考えられるのだ。墓地であるにもかかわらず、結婚式すら行われる場所になったことに多機能空間としてのアメリカの墓地の特徴がよく現れている。フォレスト・ローンでは、今まで七万組以上の結婚式が執り行われた、とホームページでは宣伝されている。一八〇年前に始まった墓地改革によって新しいタイプの「田園墓地」が生まれ、さらに進化し、現在にまで継続されているアメリカの墓地の特徴は二つの単純な言葉に要約できると考える。〈自然志向〉と〈多機能空間〉である。

まず、墓地が市街地から郊外へと移動したときに、自然の豊かな地が選ばれ、自然をもっともよく生かした風景庭園としてデザインされた。最初は、木々がうっそうと茂るメランコリーな森のような景観が好まれ、それは徐々に、より明るい開放空間が好まれるようになったことを見てきた。その過程で、「自然」はより扱いやすい〈芝生〉と〈水〉に抽象化されていく。

その伝統は墓地ばかりでなく、アメリカ式生活様式に特徴的な景観としてアメリカ社会のなかで引き継がれている。アメリカ人が自然環境を好むことは、アメリカ人の圧倒的多数が郊外住宅地を理想とするサバービアを確立した事実や、原生自然をそのまま保護する国立公園を世界に先駆けて「発明」した事実にはっきりと現れている。もっと注意深く見れば、ごく身近なところでメリカ人の自然志向を発見することがある。たとえば、個人の住宅や建築雑誌で紹介されている邸宅に、広々としたオープンスペースの居住空間に大きなビュー・ウィンドウが設けられ、目の前に大自然が広がっていることが多々あることに気づくだろう。

田園墓地が登場して以降、多機能空間ということでは、アメリカの墓地は「野外博物館」、「美術館」を目指す霊園の例を見てきたが、その他にも「植物園」、「森林公園」などさまざまな機能を付加された霊園が誕生した。(45) 左の写真(図69)は、一八九九年五月三〇日に撮られたニューヨークのグリーン・ウッド霊園の散策を楽しむ人々をとらえている。脇に墓石や記念碑はあるものの大きなゴシックの門といい、まるで現代のテーマパークの園内のようにも見えてくる。(46)

最後に、田園墓地に始まり現代のパーク型墓地に至る墓地の変容がもたらしたひとつの問題点をあげて、本章を締めくくりたい。墓地改革以前の共同墓地では、いっぱいになれば墓を入れ替えて使うしかない、まさに「共同」するもの、つまり死者は入れ替わり立ち代わり墓に入るしかなかったのだ。それを究極の「人間リサイクル文化」と呼ぶならば、田園墓地の墓地改革によって〈所有〉の概念が持ち込まれた墓は「個」の所有に至り、死者の数だけ墓は無限に広がっていった。これを「個の不滅化文化」と呼んだらよいだろうか。墓の文化の移行が起こったのである。これが今日の、葬儀、墓地のあり方の根底にある問題である。(47)

図 69　気候の良い 5 月グリーン・ウッド霊園を散策する人々　1899 年のメモリアル・デー（写真 Jeffry I. Richman, *Brooklyn's Green-Wood Cemetery* (N.Y.: The Green-Wood Cemetery, 1998 より）

註

（1）Sloane, 55.

（2）Gunther Barth, “The Park Cemetery: Its Westward Migration,” *American Public Architecture: European Roots and Native Expressions* (University Park, PA: Pennsylvania State University, 1989).

（3）Blanche M. G. Linden, *Spring Grove: Celebrating 150 Years* (Cincinnati: Spring Grove Cemetery & Arboretum, 1995), 4.

（4）Blanche Linden-Ward, “Spring Grove: The Founding of Cincinnati’s Rural Cemetery, 1845-1855,” *Queen City Heritage,* 43-1 (Spring 1985), 19.

（5）Linden, *Spring Grove: Celebrating 150 Years*, 8-9.

（6）Ibid., 9 および Linden-Ward, "Spring Grove: The Founding of Cincinnati's Rural Cemetery, 1845-1855," 22.

（7）*Cemetery of Spring Grove: Its Charter, Rules, and Regulations, also an Address Delivered at the Consecration, by the Hon. John M’Lean, and a Catalogue of the Proprietors on the 1st of May 1849* (Cincinnati: Gazette Office, Wright, Fisher & Co., 1849), 29.

（8）Ibid., 5

（9）Ibid.

（10）墓地用地を金銭で購入して「所有する」という例を、旧約聖書「創世記」（第23章）のマクベラの墓にたどる話がマウント・オーバーンの奉献式のスピーチで述べられたのもそのためである。（詳しくは拙著『アメリカ田園墓地の研究』（玉川大学出版部、二〇〇〇年）、170-173を参照）。

（11）Linden, *Spring Grove: Celebrating 150 Years,* 16.

（12）Ibid., 18.

（13）Ibid.

（14）Ibid., 20.

（15）Ibid.

（16）Alexander von Humboldt, *Cosmos: A Sketch of the Physical Description of the Universe*, translated from the German by E. C. Otte (1850), 2, reprint (Baltimore: The Johns Hopkins University Press, 1997), 103-4.

（17）Noel Dorsey Vernon, “Adolph Strauch: Cincinnati and the Legacy of Spring Grove Cemetery,” William H. Tishler, ed., *Midwestern Landscape Architecture* (Chicago: University of Illinois Press, 2000), 14.

（18）Ibid., 13.
（19）Ibid., 15.
（20）Linden, *Spring Grove: Celebrating 150 Years*, 21.
（21）Don Heinrich Tolzmann, ed., *Spring Grove and Its Creator: H. A. Ratterman's Biography of Adolph Strauch* (Cincinnati: The Ohio Book Store, 1988), 22.
（22）Barbara Rotando, "Cemeteries for the Dead and Living," *Experiencing Albany: Perspective on a Grand City's Past*, ed. Anne F. Roberts and Judith A. VanDyk (Albany: The Nelson A. Rockefeller Institute of Government, State University of New York, 1986), 202.
（23）Linden, *Spring Grove: Celebrating 150 Years*, 36.
（24）Tolzmann, 18.
（25）Linden, *Spring Grove: Celebrating 150 Years*, 36.
（26）Tolzmann, 18.
（27）Ibid.
（28）Vernon, 9.
（29）Hermann Ludwig Heinrich von Puckler-Muskau, *Hints on Landscape Gardening*, trans. Bernhard Sickert, ed. Samuel Parsons (Boston: Houghton Mifflin, 1917), 80.
（30）Barbara Novak, *Nature and Culture: American Landscape and Painting 1825-1875* (New York: Oxford University Press, 1995) , 231.（バーバラ・ノヴァック、黒沢眞里子訳『自然と文化―アメリカの風景と絵画 1825-1875』（玉川大学出版部、二〇〇〇年）。絵画における「細部」と「全体的効果」は本書を参照のこと。
（31）Virginia Scott Jennkins, *The Lawn: A History of an American Obsession* (Washington and London: Smithsonian Institution Press, 1994), 27.
（32）Ibid., 29.
（33）*Cemetery of Spring Grove: Its Charter, Rules, and Regulations*, 5.
（34）Ibid., 20.
（35）John F. *Sears, Sacred Places: American Tourist Attractions in the Nineteenth Century* (New York, Oxford: Oxford University Press, 1989), 109.

（36）*By-laws and Rules of Mountain View Cemetery Association* (Oakland: Mountain View Association, 1873), 5.

（37）*Organization of Mountain View Cemetery Association, Oakland, California: Officers of the Corporation, Rules, Regulations, and By-laws* (San Francisco: M. D. Carr & Company, 1865), 30, 31.

（38）Frederick Law Olmsted, "Preface to the Plan for Mountain View Cemetery, Oakland, California," May 1865, in Victoria Post Ranney, ed., *The Papers of Frederick Law Olmsted* (Baltimore and London: The Johns Hopkins University Press, 1990), V, 473-482 に掲載。この後にプランの説明（482-489）が続いている。

（39）Ibid., 11.

（40）Linden, *Spring Grove: Celebrating 150 Years*, 48.

（41）*By-laws and Rules of Mountain View Cemetery Association*, 15.

（42）*The Papers of Frederick Law Olmsted*, 453.

（43）フォレスト・ローン・メモリアル・パークの詳細は拙論、英米文化学会『アメリカ 1920 年代―ローリング・トウェンティーズの光と影』（金星堂、二〇〇四年）第Ⅱ章３「葬儀文化の変遷―アメリカン・ウェイ・オブ・デスの出現」を参照されたい。

（44）ダビデ像崩壊の記事　"Michelangelo's David replica fell and shattered in Glendale. What does that mean for the original?" [https://www.kcrw.com/news/shows/press-play-with-madeleine-brand/coronavirus-politics-julia-wick-seder/michelangelo-david-fall-forest-lawn-museum]

（45）詳しくは拙著『アメリカ田園墓地の研究』を参照されたい・

（46）田園墓地にディズニーランドにつながる特徴を論じたものは、拙著「死者のいない墓園―ローレル・ヒルと『アルンハイムの地所』―」『〈風景〉のアメリカ文化学』（ミネルヴァ書房、二〇一一年）第九章を参照されたい。

（47）アメリカでは昨今火葬率が上昇しており、二〇一九年には五四・六パーセントと過半数に達し、二〇三五年には七九・一パーセントに達すると予測されている。サステナビリティが重視される社会のなかで、葬儀・埋葬の形も変化するだろう。

あとがき

西洋の柳の文化誌を書く直接のきっかけとなったのは、柳下貞次著『柳の文化誌』（淡交社、一九九五年）の「あとがき」に、次の一文が目に止まったからです。

「本書はヤナギの日本編であって、諸外国、とくにシダレヤナギの原産地とされる中国、そしてポプラの林立する欧米諸国をはじめ、海外のヤナギのようすについてはほとんど触れておりません。それらについてはぜひ実地に当たって調べたいと願ってきたのですが、著者も高齢、心身ともにそれにには耐えられないことを残念におもっております。したがってこの仕事はぜひ、どなたかにバトンタッチをさせていただきたいと願っております。」

これはぜひ、そのバトンを受け取りたい、とご高齢の柳下氏にお目にかかり、資料もいただくことができました。それからずいぶんと月日がたってしまいましたが、ようやく、しかも、ナポレオン没後二百年の二〇二一年五月五日に、西洋編・柳の文化誌の出版の運びとなったことは、望外の喜びであります。

ただ、西洋編と言ってももっぱら英語圏を中心に展開していることをお断りしておかなければなりません。ヨーロッパ前近代史がご専門の近江吉明先生からは、「ナポレオンの柳」の意味はフランス人にもあてはまるのでは、というご指摘をいただきながら、筆者の力不足でそこまでには至りませんでした。シダレヤナギの原産地である中国の調査にも手がつけられていませんので、この仕事はまた、どなたかにバトンタッチできれば、と望みをつなぎたく思います。西洋や日本の柳の逸話やシンボリズムをつなぐ、まさに原点を探る興味深い論考が得られるのではないか、と期待しています。

筆者の専門は「アメリカ研究」です。アメリカの風景画と風景美学についての考察に始まり、その後アメリカの墓地の研究へと移りました。現在は、とくに「アメリカ人の死生観、墓地の歴史」について研究しています。「風景画と墓地」にいったいどのような関係があるのか――この問いには、「墓地は〈ピクチャレスク〉なイギリス風景庭園にデザインされた」という検証をたどった、本書をお読みいただいてご理解いただけたのではないかと思います。

アメリカの墓地の研究はかれこれ四半世紀になります。最初の成果は、『アメリカ田園墓地の研究――生と死の景観論』（玉川大学出版部、二〇〇〇年）で、「ユニークなアメリカ文化論」が評価され、アメリカ学会清水博賞を受賞しました。本書の第三章「田園墓地と〈ピクチャレスク〉な景観の創造」はそれ以前に発表した論文を加筆・改稿したものですが、内容が重なる部分があります。

二〇〇〇年、筆者はアメリカの墓石研究学会の会員になり、年次大会にこれまで七回ほど出席しています。開催地となったアメリカ北東部を中心に、南部ジョージアや西部カリフォルニアまで、あちらこちらの墓地を見て回りました。そのときの体験や墓石研究学会の活動については、また別の機会にご紹介したいと思っていますが、第四章「田園墓地の『進化』の先に見えてきたもの」は、このような現地調査から生まれたものです。

二〇一一年には、勤務先の専修大学より長期在外研究の機会をいただき、「柳の研究において、セント・ヘレナ島での現地調査」を計画していました。滞在先のニューヨークからセント・ヘレナに行くには、南アフリカ共和国のケープタウンまで飛行機で飛び、そこからイギリスの郵便船で向かう、それ以外の最短のルートはありません。往復するだけで一月以上かかるというので、結局、断念せざるをえませんでした。その後、観光とはほぼ無縁だったセント・ヘレナ島に、二〇一七年、空港がオープンします。翌年には、早々と「世界ふしぎ発見！　秘島セント・ヘレナ　ナポレオンが伝説になった島」（九月一日放送）のテレビ取材が行われています。セント・ヘレナ島への観光もついに現実のものとなったわけです。ナポレオンの流刑地である絶海の孤島を一度は訪れたいと思う日本人は、歴史ファンならずとも、結構おられるのではないでしょうか。海岸線はほとんど断崖絶壁の火山島、グーグル・アースで見るだけでも冒険心がそそられます。筆者もぜひ一度は訪ね、ナポレオンが晩年を過ごした場所を肌で感じたいと思っています。

柳の研究では多くの方々にご協力いただきました。ニューヨーク植物園メルツ図書館のマリー・ロング氏、そしてロング氏にご紹介いただいた留学生、村山雄一氏、お二人からは柳のさまざまな情報をいただきました。また、市川市の異文化研究講座で柳や墓地について話す機会を作っていただいた邊牟木廣海氏、文化講演の機会をいただいた市川市国際交流協会ガーデナ市委員会の委員長山本怜氏、そして熱心に聴いてくださった参加者の方々、皆様には心より感謝申し上げます。また毎年、異文化研究講座に同席され、叱咤激励とともに研究結果の出版を強く促してくださった大学院時代からの恩師、上坂昇先生には、ここに記して深くお礼申し上げます。

本書の出版に際しては、快く引き受けてくださった彩流社の竹内淳夫会長、そして筆者の翻訳書出版以来、編集担当として親身にお世話いただいてきた河野和憲社長にも、改めて厚く御礼申し上げます。

最後に、二〇一一年に長期在外研究に同行しニューヨークに一年間滞在して、現地調査や写真撮影などで協力してくれた夫の黒沢進に感謝します。

本書は、これまで執筆した四つの論文を部分的に加筆・改稿したものです。本書では人名・地名などの英語表記は削除してありますので、詳細は元の論文を参照してください。論文の初出は次の通りです。

「西欧文化における柳の研究――その1　墓石、追悼画および陶磁器を中心に」『専修大学人文論集』第95号、2014・11

「西欧文化における柳の研究――その2　ナポレオンの柳」『専修大学人文論集』第97号、

2015・11
「19世紀アメリカにおける『田園墓地』運動――アメリカの『聖地』の創造」『アメリカ研究』第32号、1998・3
「19世紀後半における田園墓地の西部への進出――ピクチャレスクな景観の変容」『専修大学人文論集』第72号、2003・3

柳の研究は、二〇一一年度長期在外研究の機会を得て執筆できたことを付記し、専修大学に感謝の意を表したいと思います。

二〇二一年三月

黒沢眞里子

フィギュール彩

〔既刊〕

㊾憐憫の孤独

ジャン・ジオノ◉著／山本省◉訳

定価(本体1800円＋税)

自然の力、友情、人間関係の温かさなどが語られ、生きることの詫びしさや孤独がテーマとされた小説集。「コロナ禍」の現代だからこそ「ジオノ文学」が秘める可能性は大きい。

㊷マグノリアの花

ゾラ・ニール・ハーストン◉著／松本昇他◉訳

定価(本体1800円＋税)

「リアリティ」と「民話」が共存する空間。ハーストンが直視したアフリカ系女性の歴史や民族内部に巣くう問題、民族の誇りといえるフォークロアは彼女が描いた物語の中にある。

㉑おとなのグリム童話

金成陽一◉著

定価(本体1800円＋税)

メルヘンはますますこれからも人びとに好まれていくだろう。「現実」が厳しければ厳しいほどファンタジーが花咲く場処はメルヘンの世界以外には残されていないのだから。

【著者】
黒沢眞里子
…くろさわ・まりこ…

専修大学文学部教授。津田塾大学卒業。筑波大学大学院修士課程地域研究科入学後、ロータリー財団奨学金を得て、米国ペンシルバニア大学大学院留学。筑波大学大学院修士課程終了（国際関係学修士）。桜美林大学大学院国際学研究科博士課程入学、修了（学術博士）。2011年度米国コロンビア大学アメリカ研究センター客員研究員。単著に『アメリカ田園墓地の研究—生と死の景観論』（玉川大学出版部、2000年）、共著に『〈風景〉のアメリカ文化学』（ミネルヴァ書房、2011年）、『アメリカ20年代—ローリング・トゥエンティーズの光と影』、訳書に、バーバラ・ノヴァック『自然と文化—アメリカの風景と絵画1825-1875』（玉川大学出版部、2000年）、デイヴィッド・C・ミラー『ダーク・エデン—19世紀アメリカ文化のなかの沼地』（彩流社、2009年）、ドルー・ギルピン・ファウスト『戦死とアメリカ—南北戦争62万人の死の意味』（彩流社、2010年）など。

Sairyusha

ナポレオンの柳《やなぎ》

二〇二一年五月五日　初版第一刷

著者――黒沢眞里子
発行者――河野和憲
発行所――株式会社 彩流社
〒101-0051
東京都千代田区神田神保町3-10
電話：03-3234-5931
ファックス：03-3234-5932
E-mail：sairyusha@sairyusha.co.jp
印刷――明和印刷（株）
製本――（株）村上製本所
装丁――中山銀士＋金子暁仁

ISBN978-4-7791-2748-9 C0022
http://www.sairyusha.co.jp

索　引

■人　名

●ア行

●カ行

●サ行

■事　項

●あ行

●か行

●さ行

●た行

●ま行

●や行

●ら行

●わ行